기적의 건강 식용유

버진 코코넛 오일

유기남 ┃ 박미순 지음

문지사

이 책을 읽는 분을 위하여

이 책에 쓰여진 내용이 정확하고 완벽하도록 노력하였으며 출판사나 저자는 독자 각 개인에게 어떤 의료상담이나 의료행위도 제공하지 않음을 밝혀드립니다. 이 책에 게재된 모든 내용은 독자의 전문의 상담을 대신할 수 없음을 밝히고 이 책에 게재된 정보나 제안에 의해 독자가 건강 상 손실을 입었을 경우 출판사나 저자는 어떤 책임도 질 수 없음을 알려드립니다. 또한 여기에 게재된 글들은 한국식품의약품안전청(KFDA)의 확인을 받지 않은 내용으로 진단이나 처방, 치료 등의 의료목적으로 절대 사용할 수 없으며 시중의 특정제품을 비방, 또는 광고하기 위한 목적도 없음을 미리 알려드립니다. 저자와 출판사는 독자들에게 외국에서 연구한 코코넛 오일 사용의 특장점에 대한 여러 가지 정보를 엮어 알릴 목적으로 미국의 Mary G.Enig, Bruce Fife, Raymond Peat 박사 등등의 저명한 지방질 연구 전문가들과 코코넛 연구자의 글을 참고하여 엮었습니다. 본 책의 내용과 관련된 자세한 정보는 첨부에 수록된 참고문헌을 참고하시기 바랍니다.

국내에는 아직 잘 알려져 있지 않지만, 신비한 작용을 하는 천혜의 건강 오일을 소개한다. 바로 코코넛 열매에서 추출한 코코넛 오일(coconut oil)이다.

코코넛 오일의 신비한 건강 효과에 대해서는 포화 지방에 대한 고정 관념으로 인하여 국내외에 아직은 널리 알려져 있지 않으나 그 경이로운 영양 효과와 각종 질병에 대한 신비한 치유 효과가 최근 연구로 계속 밝혀지고 있어 이에 대한 정보가 빠른 속도로 세계 전역에 보급되고 있는 추세이다.

코코넛 오일을 섭취하는 지역 주민들은 현대병이 거의 없고 특별히 건강하다는 사실을 발견한 과학자들은 코코넛 오일의 중사슬 지방산이 소화기 질병, 효소 분비와 호르몬 이상, 비만, 각종 암, 피부병, 심장병, 고혈압, 당뇨, 간, 신장, 생식기 질병, 뼈, 구강, 피부, 모발 등을 포함한 모든 건강 이상에 탁월한 예방 및 치료 효과를 나타낸다는 사실을 연구를 통해 밝히고 있다.

자세한 내용이 올바르게 파악되면 코코넛 오일이 건강에 유익하면서도 인체에 어떤 부작용이나 독성 없이 다양하고 광범위한 질병에 대항하여 인류의 건강을 지키는 자연적 물질이라는 사실에 동의하게 될 것이다.

이 책을 통해 모든 포화 지방이 건강에 나쁘다는 통념이 잘못이라는 사실을 알게 될 것이다. 포화 지방이 건강에 나쁘다는 인식의 이면에는 왜곡된 이론을 근거로 끊임없는 선전을 통해 세계의 소비자들을 오도한 관련 식품 업계와 단체들의 음모가 있다.

포화 지방은 인체에 꼭 필요한 물질이다. 포화 지방은 그 구조와 길이에 따라 분류되며 각 지방산들은 생리학적으로 인체 내에서 각각 다른 기능을 하고 있다.

만약 코코넛 오일이 단지 포화 지방이라는 이유만으로 섭취를 피하고 식물성 다중 불포화 지방들과 그 가공식품을 계속 섭취한다면 틀림없이 건강에 해로울 것이다.

코코넛 오일은 약 92%가 포화 지방으로 세상의 어떤 식용유보다도 가장 화학적으로 물성이 안정되어 있어 유해 프리 래디칼(free radicals)을 형성하지 않는다는 장점이 있다.

또한 시중의 식물성 식용유와는 달리 분자 구조가 짧은 중사슬 지방산들이 전체의 60%가 넘어 부담없이 쉽게 분해, 흡수되며 곧바로 간에서 에너지 생산에 이용된다. 이렇듯 코코넛 오일은 기초 대사율을 높이고, 오래 유지시킴으로서 비만을 해소하여 결국에는 다양한 건강 문제 해결에 총체적인 도움을 준다.

코코넛 오일은 콜레스테롤이나 혈당을 올리지 않으며 자연 지방 중 유일하게 여러 가지 강력한 항균 작용을 한다. 한편 코코넛 오일은 피부 질환 회복과 노화 예방에 탁월한 효과를 얻을 수 있는 천연 화장품과 천연 피부 치료 연고로 사용된다. 한마디로 코코넛 오일은 신비한 천혜의 생명 오일인 것이다.

우리가 매일 먹는 콩기름이나 마아가린, 쇼트닝 같은 식물성 다중 불포화 지방들과 트랜스 지방이 건강에 치명적이라는 사실을 알게 될 것이다. 이 책을 읽으면 생소한 말과 의구심을 갖게 하는 내용도 있을 것이다. 코코넛 오일이 주는 건강 효과에 대한 진실은 의학적으로나 학문적 경험을 통해 검증된 우수식품으로 많은 전문가와 연구자들의 명예와 양심의 결정체이다. 좀 더 자세한 내용을 알고 싶은 독자는 이 책의 끝장에 수록된 코코넛 오일 관련 연구 및 출처를 확인하기 바란다.

국내에서도 코코넛 오일에 대한 관심이 높아지고 사용이 확대되어 국민 건강 증진에 도움이 되기를 바라며 지방에 대한 새로운 인식에나 자신과 가족들의 질병을 예방하고 아픈 이들의 건강회복에 도움이 되기를 진심으로 기원한다.

지은이 씀

Contents

chapter4 코코넛 오일과 질병 • 91

chapter 1

코코넛 오일의 모든 것

1. 코코넛 오일(Coconut Oil)이란?

1) 코코넛과 팜(palm)

코코넛은 일반적으로 '코코넛 팜' 또는 '코코넛'으로 불리운 다. 열매를 심은 지 6~8 년 후에 첫 수확이 시작되지만, 보통 10년이 지나야 정상적으로 열매가 맺히는데 용도와 익은 정도 에 따라 8~14 개월마다 한 번씩 수확한다.

코코넛은 인도네시아, 필리핀, 스리랑카, 인도, 태국, 베트남 등지와 중남미의 국가들, 모잠비크, 탄자니아, 가나 등의 아프리 카 아열대 및 열대 지역에 많이 자생하고 있다. 통상적으로 수 명은 100년이며 높이는 10~20 미터까지 자란다.

코코넛에는 여러 종류가 있으며, 우리가 일반적으로 알고 있 는 코코넛 오일과 팜 오일은 서로 다른 것으로 팜 유는 키와 열 매가 작은 오일 팜 나무에서 생산된 오일을 지칭하는 것으로 서 로 다르다(사진 참고).

코코넛 나무와 열매의 단면

추수기의 코코넛 열매　　　오일 팜(팜 오일 열매)

2) 코코넛 오일의 종류와 제조 방법

코코넛 오일에는 크게 두 종류가 있다.

💛 정제 코코넛 오일

코코넛에서 추출한 과육을 햇볕에 말린 코프라(copra)를 열을 가한 후 압착하여 기름을 짜 내고 정제, 표백, 탈취의 공정을 거쳐 생산한 오일이다.

현대적인 생산 공정은 일차 압착으로 짜낸 후 남아있는 기름을 얻기 위해 솔벤트를 사용하여 이차로 추출 공정을 거친다. 정제 코코넛 오일은 코코넛 고유의 향취가 없으며 색상은 투명한 무색, 무취, 무미이다.

💛 버진 코코넛 오일

신선한 야자 열매의 과육을 간 후 가열이나 화학 물질의 사용 없이 기계식 압착으로 코코넛 밀크 상태의 혼합액을 생산하여 이를 정치 또는 원심 분리하여 오일을 얻는 방식이다.

오일의 분리 방법에는 여러 가지가 있으나 대표적인 두 가지 방식은 먼저 압착으로 얻어낸 신선한 코코넛 밀크를 정치, 발효하여 오일을 추출해 내거나 고속 원심 분리기로 추출한다.

이후 잔류 섬유질 등의 제거를 위해 필터를 사용하여 여과시키면 최종 생산품이 나오게 되는데, 이를 버진 코코넛 오일이라 부른다.

이 두 가지 방식으로 생산되는 제품의 품질에는 특별한 차이가 없으며 버진 코코넛 오일은 코코넛 고유의 향취가 그대로 남아 있는 것이 다른 점이다.

이 고유의 향취는 원재료나 가공 과정에 따라 다소 차이가 있을 수도 있다. 버진 코코넛 오일은 일반 코코넛 오일에 비해 원료 채취에서 생산까지 많은 비용이 든다.

3) 코코넛 오일의 식별

💜 식별 방법

일반 정제 오일과 버진 오일을 소비자가 간단히 확인할 수 있는 방법은 코코넛 고유의 향취이다. 버진 오일은 코코넛 향이 그대로 살아 있다. 고유의 향이 없거나 약한 것은 정제 오일이거나 혼합했을 가능성이 높은 제품이다.

색상은 두 가지 모두 맑은 무색이다. 만약 연한 황색을 띄고 있으면 정제가 덜 되었거나 팜 오일과 혼합한 오일이다. 일반적으로 버진 코코넛 오일은 그 고유 물질의 특성 때문에 열이나 화학 물질을 쓰지 않고 제조한 다른 버진 식물성 식용유의 산가보다 훨씬 낮다.

💜 엑스트라 버진 코코넛 오일

최근 버진 코코넛 오일에도 올리브 오일처럼 엑스트라(extra)라는 말을 쓰기 시작했는데, 원래는 올리브 오일의 분류에서 따온 말로 종자를 개량한 재배용이 아닌 자연산 코코넛을 원재료로 만든 오일에 대하여 생산자가 그 품질을 특화하기 위하여 붙이기 시작한 것으로 보인다.

이 경우 종자 개량은 물론 환경 공해나 비료, 농약 등의 환경적, 인위적 요소가 가미되지 않은 야생의 자연산 코코넛을 원재료로 사용한다.

참고로 열대 지방에서 주민들이 스스로 가공하여 먹고 있는 코코넛 오일은 준 버진 코코넛 오일이라고 부른다. 기름 추출이 용이하도록 신선한 상태에서 간 코코넛 과육을 팬에 넣고 살짝 열을 가한 후 기름을 짜는데 재료가 신선하고 산화가 거의 되지 않은 상태를 유지하고 있다.

4) 코코넛 오일의 성분

코코넛 오일의 지방산 구성

지방산 명칭	%
단사슬 지방산(Short Chain Fatty Acids)	
부틸산(Butyric) (C4 : 0)	—
카프로산(Caproic) (C6 : 0)	0.5
중사슬 지방산(Medium Chain Fatty Acids)	
카프릴산(Caprylic) (C8 : 0)	7.8
카프리산(Capric) (C10 : 0)	6.7
라우르산(Lauric) (C12 : 0)	47.5
장사슬 지방산(Long Chain Fatty Acids)	
미리스트산(Myristic) (C14 : 0)	18.1
팔미트산(Palmitic) (C16 : 0)	8.8
스테아르산(Stearic) (C18 : 0)	2.6
아라키돈산(Arachidic) (C20 : 0)	0.1
팔미톨산(Palmitole) (C16 : 1)	—
올레산(Oleic) (C18 : 1)	6.2
리놀레산(Linoleic) (C18 : 2)	1.6
리놀렌산(Linolenic) (C18 : 3)	—
포화 정도에 따른 구성 비율	
포화 지방(saturated)	92.1
단일 불포화 지방(monounsaturated)	6.2
다중 불포화 지방(polyunsaturated)	1.6

㈜ : 괄호 안의 C는 탄소원자 수, 콜론(;) 뒤의 숫자는 이중결합 수로 0

은 포화를, 1은 단일 불포화, 2와 3은 다중 불포화임을 표시.

코코넛 오일의 구성 성분 지방산들 중 포화 지방인 중사슬 지방산이 건강에 중요한 역할을 하는 성분으로 코코넛 오일 고유의 물성을 결정한다.

위의 표에서 보듯이 코코넛 오일의 지방산 구성은 중사슬 지방산인 라우르산, 카프리산, 카프릴산과 단사슬 지방산인 카프로산이 주성분으로 전체 코코넛 오일 성분의 62%를 넘는다. 바로 이런 코코넛 오일의 중사슬 지방산들이 다른 일반 식물성 기름이나 동물성 기름(버터는 제외)에는 전혀 없는 각종 항균작용을 하여 인체에 좋은 영향을 주는 것으로 알려져 있다.

5) 건강한 코코넛 오일의 조건

건강에 좋은 코코넛 오일은 다음의 조건들이 충족되어야 한다.

- 유기 농법으로 생산된 코코넛만을 원재료로 사용한 것.
- 어떤 화학 물질도 첨가하지 않은 것.
- 정제하지 않은 것.
- 표백을 하지 않은 것.
- 탈취를 하지 않은 것.
- 수소화하지 않은 것.
- 유전자 조작을 하지 않은 것.
- 자연 재래종으로 종자 교배를 하지 않은 것.
- 일반 코코넛 오일은 말린 야자 과육인 코프라(copra)에서

추출한 것을 사용하되 생 원료만을 쓴 것.
- 영양소 파괴가 일어나는 열을 가하지 않은 것

따라서 이 책에서는 단순히 코코넛 오일로 언급되어 있지만 실생활에서는 가급적 버진 코코넛 오일의 사용을 권장한다.

2. 코코넛 오일의 효능

1) 섭취 식품과 건강

과도한 가공과 첨가물이 많이 들어 있는 식품을 계속 섭취하면 신진 대사에 문제가 생기고 면역력 저하로 질병에 취약하게 된다. 코코넛 오일을 섭취하면서 다른 식물성 오일과 가공 식품의 섭취를 줄이면 신체 기능이 활성화되어 점차 체질이 개선된다. 코코넛 오일이 건강에 왜 좋은지를 말하면 대다수의 사람들은 '그럼 만병통치?'라는 반응과 함께 항간의 흔한 건강 식품 쯤으로 생각한다. 그러나 코코넛 오일의 신비한 효능을 과학적으로 설명하고 입증해 주는 외국 서적과 문헌을 통해 그 사실을 확인한 다음에야 수긍하는 것이 현실이다. 옛날부터 열대 지방 원주민들이 코코넛을 일상적인 음식으로 섭취하여 어떤 병에나 '만병통치약'처럼 사용한 것은 우연이나 미신이 아니다. 열대 지방에서는 코코넛을 '생명의 나무'라고 부를 정도로 그들의 생활에 유용한 나

무로 인식하고 있으며 열매의 외피만 제외하고는 잎에서 줄기, 열매까지 모두 식생활에 이용하고 있다.

음식을 먹고 건강하게 일상 생활을 영위하려면 소화 기능에 이상이 없어야 한다. 그러기 위해서는 먼저 건강한 식품을 선택해야 소화 기능에 무리가 없고 장기도 원활히 제 기능을 발휘하게 된다. 우리 몸의 소화 과정은 복잡한 연쇄 작용으로 각 기관과 긴밀하게 연계되어 있다.

그런데 어떤 음식들은 섭취하면 소화 과정의 첫 단계인 위에서 문제를 일으킨다. 위에서 당연히 분비되어야 할 효소가 나오지 않거나 억제되는 경우는 다른 효소나 호르몬 분비와 대사에 영향을 미친다. 결국에는 장기의 기능이 약화되어 소화 기능의 부조화와 신진 대사에 부담을 준다. 또 어떤 음식들은 이미 산화되어 있어 건강에 치명적인 프리 래디칼(free radicals)을 발생시켜 세포들의 활성을 억제하고 파괴하며 장기의 기능을 손상시켜 암을 유발하기에 이른다.

이렇게 매일 섭취하는 각종 식품은 건강에 지대한 영향을 주며 질병 발생을 좌우한다. 그래서 건강을 해치는 식품을 매일 먹으면 면역력이 약화되고 빨리 질병에 걸리게 되는 원인이 된다. 누구나 매일 먹는 가공 식물성 식용유도 건강을 해치는 식품 중의 한 가지임을 유념해 주기 바란다.

코코넛 오일은 구조 특성상 소화 과정에 부담을 주지 않고 빨리 흡수되어 에너지로 이용된다. 세포와 효소, 호르몬 기능을 정상화시키고 프리 래디칼도 형성시키지 않으며 신진 대사와 면역력 향상에 좋은 효과를 나타낸다. 또한 다른 식물성 오일에 없는 항균 작용으로 면역 체계의 부담을 줄인다.

소화 체계를 교란시키는 식품 섭취를 줄이고 코코넛 오일과 함께 식품을 섭취하면 그것이 국소, 증상, 병명, 통계로 분류된 어떤 질병이든 건강 증진에 효과를 나타낸다. 건강한 사람이 코코넛 오일을 섭취하면 건강을 유지하면서 각종 질병을 예방할 수 있으며 병상의 사람들은 그 병이 무엇이든 간에 분명히 개선 효과를 얻을 수 있다.

2) 전래 민간 치료

'아유르베다(Ayurvedic : 삶의 지혜)'는 기원전 1500년의 힌두 문화의 'Veda'라는 책에 산스크리트어(Sanskrit)로 기록된 민간 처방으로 인도 니코바(Nicobar) 섬과 근린 지역에서 주로 코코넛을 이용한 각종 민간 치료법이 수록되어 있는 전승 문헌이라고 한다.

이 문헌에는 코코넛 오일이 몸을 튼튼하게 만들 뿐만 아니라, 모발의 건강을 돕고, 상처나 화상, 각종 궤양, 신장 결석, 콜레라 등의 치료에 사용한다고 씌어져 있으며, 금방 짜낸 신선한 모유는 눈 수술 후 항생 효과를 위해 사용했다는 기록도 찾아볼 수 있다.

코코넛 오일은 아유르베다의 이용에만 중요한 물질이 아니다. 세계 다른 지역의 전통 치료에서도 많은 예를 찾아 볼 수 있다. 중미의 파나마에서는 코코넛 오일을 한 컵 마시면 모든 병이 빨리 낫는다는 민간 요법이 선조 때부터 전해져 내려오고 있어 지금도 애용하고 있을 정도다. 코코넛 오일을 먹으면 모든 병이 빨리 회복된다는 지혜가 선조 때부터 전해져 오고 있는 예이다. 한편 자메이카에서는 코코넛 오일이 헬스 토닉 (health tonic)으로 심장과 정력에 좋은 식품으로 인식되어 있고, 나이지리아나 기타 아프리카 지역에서는 팜 커널 오일 (palm kernel oil : 팜씨의 핵에서 짜낸 오일로 성분은 코코넛 오일과 유사)을 민간 치료약으로 모든 질병에 이용하고 있다고 한다.

또 코코넛 오일을 주요 지방 섭취원으로 먹어온 남태평양이나, 동남아시아에서도 전래적으로 각종 질병이나 피부 질환 치료, 정력제 등으로 광범위하게 이용되어 왔음을 확인할 수 있다. 이런 모든 사실들이 오랫동안 인류가 코코넛(코코넛 오일)을 건강한 식품 및 치료제로 이용하여 왔음을 증명하고 있다.

현대 과학은 최근에야 연구를 통해 이 코코넛 오일의 신비한 효능을 밝히기 시작하여 이제 서구에도 이에 대한 정보가 빠른 속도로 확산되고 있는 추세이다.

다음은 세계 각 지역에서 전래적으로 코코넛 오일을 먹고 바르면 그 치료 효과가 있다는 병명을 수집한 내용이다.

💜 코코넛 오일의 전래 질병 예방 및 치료

종창, 종양, 혈액 정화, 이뇨, 지혈, 이 박멸, 변통, 해열, 건위, 소화, 종기, 탈모, 무월경, 천식, 피부 각질, 기관지 염, 멍든데, 화상, 악액질 카캑시아, 암, 구충, 해독, 살균, 배변, 최음제, 피부 수렴, 박테리아 살균, 감기, 변비, 기침, 쇠약, 허약, 수종증, 이질, 설사, 생리불순, 치통, 단독, 열, 콧물 감기, 치은염, 임질, 소화기 토혈, 호흡기 토혈, 황달, 월경 과다, 구역질, 폐결핵, 임신 촉진, 피부 발진, 옴, 괴혈병, 인후염, 위염, 혹, 매독, 결핵, 장티푸스, 성병, 외상 등

(Duke & Wane, 1981 : Source : James A. Duke. 1983. Handbook of
Energy Crops. Unpublished)

3) 현대 과학이 밝힌 코코넛 오일의 질병 예방과 치료

위에 열거한 지역뿐 아니라, 남태평양의 폴리네시아와 멜라
네시아 사람들도 수십 세기에 걸쳐 코코넛을 모든 요리에 이용
해 왔다고 한다.

최근에 학자들이 코코넛의 신비한 건강 증진 효능을 연구하
게 된 동기도 인체에 나쁘다는 포화 지방을 먹는 남태평양 원
주민을 역학 조사한 결과 심장병이나 암, 당뇨, 퇴행성 질환 등
의 현대 습관병이 거의 없으며, 서구인들 보다 월등히 건강한
점을 발견하면서부터라고 한다. 어떤 유형의 식생활이 이 지역
원주민들을 각종 퇴행성 질병으로부터 보호하고 최상의 건강
을 유지하게 만드는가를 살펴본 학자들은 그 해답이 바로 코코
넛이라고 결론지었다.

이런 현상을 오랫동안 연구한 뉴질랜드 웰링톤 병원의 이안
프리올(Ian A. Prior M.D.) 박사도 원주민들이 코코넛을 이용한
전통 식습관에서 서구식 식생활로 바꾸면 건강이 급격히 파괴
되어 통풍과 당뇨, 심장병, 비만, 고혈압 등의 질병에 빠르게 노
출되는 경향이 나타났다고 발표하였다.

그러므로 코코넛 오일을 일용 식품으로 섭취하는 지역의 원
주민들에 대한 연구 결과는 심장병, 암, 당뇨, 그리고 다른 많은
퇴행성 질환과 면역 체계를 강화시켜 주며 건강을 유지하는 원
동력이라 결론내리고 있다.

근래 코코넛 오일을 가벼운 소화 불량, 체내 흡수의 부작용,

이용 방법 및 치유 효능에 대해 병원에서 임상 실험하여, 문제가 발생하거나 영양 흡수에 장애가 있는 환자들의 치료와, 소화력이 약한 유아나 어린이들의 처방으로 코코넛 오일의 중사슬 지방산을 이용하고 있다. 그러므로 과학적인 연구와 임상에 따르면 코코넛 오일의 중사슬 지방산은 다음 질병의 예방과 치료에 도움이 된다고 밝히고 있다. 근거는 '코코넛 오일과 질병'편의 참고 문헌을 살펴보기 바란다.

💜 현대 과학에 의해 밝혀진 코코넛 오일의 질병 예방과 치료 효과를 기대할 수 있는 여러 가지 증세

- 심장병 예방, 고혈압, 동맥경화, 중풍
- 당뇨 예방과 연관된 증세 개선
- 건강하고 튼튼한 뼈의 발육과 유지
- 과체중
- 단핵증, 인플루엔자, C형 간염, 홍역, 헤르페스, 에이즈등과 관련된 바이러스 살균
- 췌장염과 관련된 증상 감소
- 영양 흡수 부전 증후군 및 낭포성 섬유종과 관련된 증상의 감소
- 담즙에 관련된 증상 개선
- 크론씨병과 궤양성 대장염, 위궤양의 개선
- 치질에 의한 통증과 염증 개선
- 각종 만성 염증의 감소
- 유방암과 대장암 및 각종 암의 개선
- 잇몸 질환과 충치 예방

- 조로 및 퇴행성 질환의 예방
- 만성피로 증후군과 관련된 증상 개선
- 전립선 비대증과 관련된 증상 개선
- 간질 증상 감소
- 신장 질환과 담 질환의 보호 작용
- 간 질환 예방
- 폐렴, 치통, 인후 염, 충치, 식중독, 요도 염, 수막염, 임질 등 박테리아 살균
- 칸디다, 무좀, 버짐, 샅진균증, 아구창, 기저귀 발진 및 기타 곰팡이나 효모 살균
- 촌충, 회충, 람블리아 지아르디아 및 기타 기생충 박멸
- 건선, 아토피 피부염과 관련된 증상 감소
- 건조한 피부 개선, 각질 감소
- 주름, 늘어진 피부, 검버섯 등 태양 자외선과 관련된 손상 으로부터 피부 보호
- 비듬 발생 예방 및 치료

3. 코코넛 오일 사용법

1) 식용 및 음용

음용 방법과 권장 섭취량을 설명하면 다음과 같다.

💙 하루 권장 섭취량

이상적인 건강 증진 효과를 얻기 위해 하루에 얼마 만큼의 코코넛 오일을 먹어야 하는가는 사람마다 건강 상태와 신체 조건이 다르므로 일정량으로 정한 기준치는 없지만, 전문가들은 유아를 보호하고 영양을 공급하는 **모유의 중사슬 지방산 함량을 기초로 성인은 하루 3~3.5테이블 스푼(1테이블 스푼은 15ml), 즉 하루 45~52.5ml 정도 섭취할** 것을 권장하고 있다.

그러나 이 양은 건강 상태가 비교적 정상인의 경우이고 과체중이나 비만, 환자 또는 질병에 대한 항균 작용을 기대하거나 빠른 건강 개선을 원하는 사람들은 양을 늘려 먹도록 권장하고 있다. 섭취량 제한에 대한 명확한 연구는 없지만 남태평양 주민들에 대한 연구에서 하루 최대 약 150ml의 코코넛 오일을 평생 동안 먹었음에도 부작용 없이 건강 상태를 유지하고 있었다는 사실로 미루어 식물성 기름이나 기타 가공 식품에 들어 있는 기름의 양보다 많이 먹어도 안전할 것으로 과학자들은 판단하고 있다.

코코넛 오일은 유아나 임산부, 노약자 모두에게 안전하고 건강한 오일이다. 유아에게 어느 정도 먹일 것인가 하는 연구는 없지만 우유를 먹일 경우 일반적으로 하루 1회 1티스푼을 혼합하여 먹이면 필요한 중사슬 지방산을 공급해 줄 수 있고, 영양 흡수가 불량하거나 병 중인 유아들의 면역력 강화를 위해서는 하루 10~15ml 정도를 우유에 혼합하여 먹이면 좋을 것이다.

수유자가 코코넛 오일을 섭취하는 경우는 모유를 통해 유아에게 전달되므로 따로 유아에게 먹일 필요는 없다. 정상적인 모유에도 코코넛 오일과 같은 지방 성분이 거의 비슷한 비율로 들어 있다.

참고로 1테이블 스푼은 15ml(14g)이며, 티 스푼(5ml) 3개가 1테이블 스푼의 양이다.

일일 권장 섭취량(건강한 사람 기준)

체중(kg)	테이블 스푼(ml)
79 이상	4(60ml)
68 이상	$3\frac{1}{2}$(52.5ml)
57 이상	3(45ml)
45 이상	$2\frac{1}{2}$(37.5ml)
34 이상	2(30ml)
23 이상	$1\frac{1}{2}$(22.5ml)
3~22	1(15ml)

♥ 안전성

코코넛 오일은 무독성이며 섭취하여도 인체에 어떤 부작용도 없다. 코코넛 오일에 알러지 반응을 일으키는 경우도 드물게는 있는데 이것을 먼저 알기 위해서는 피부에 발라서 피부가 붉어지면 코코넛 오일 알러지로 보면 된다. 그러나 동양 사람에게는 거의 이런 예가 없다. 코코넛 오일은 엄격한 심사로 안전성이 역사적으로 입증된 식품에만 부여하는 미국식약청(FDA)에 'GRAS(Generally Recognized As Safe)' 품목으로 등재되어 있다.

♥ 명현 현상

코코넛 오일의 직접 음용에 익숙해지면 그냥 먹을 수도 있지만, 처음 먹는 사람들은 오일의 특이한 향취를 싫어하거나 또는 인체 기능을 정상화시키고 체독을 배출하는 각종 명현 현상을 겪게 되므로 섭취를 기피할 수 있다.

거의 모든 병의 치유 과정에서 명현 현상이 나타나는 경우가 많다. 명현 현상이 번거로울 경우, 소량부터 음식에 혼합하여 서서히 섭취량을 늘려 나가는 것도 한가지 방법이다. 처음에는 하루 1티 스푼을 음식에 혼합하여 먹고 이상이 나타나지 않으면 다시 2스푼으로 그 양을 점차 늘려가다가 명현 현상이 나타나면 이전의 상태로 양을 줄였다가 다시 늘리면 권장 섭취량을 유지할 수 있으며 명현 현상을 쉽게 극복할 수 있다.

💚 요리

가정에서 사용하는 식용유를 코코넛 오일로 대체하면 총지방 섭취량은 줄이면서 중사슬 지방산은 공급받을 수 있는 좋은 방법이다. 그러므로 최상의 건강을 위해서는 모든 음식에 첨가하는 마아가린과 쇼트닝, 콩기름 등 가공 식물성 식용유를 섭취하지 말아야 한다. 섭취 지방으로서 엑스트라 버진 올리브유와 버터는 괜찮지만, 가능하면 항상 코코넛 오일을 요리에 사용하는 습관을 기른다.

코코넛 오일의 기본 요소는 포화 지방이므로 다른 식물성 지방처럼 쉽게 산화되지 않고 인체에 유해한 프리 래디칼을 발생시키지 않는다. 코코넛 오일의 특성은 용도의 구분없이 가장 건강한 식품으로 평가받고 있다. 버터처럼 빵에 바르거나 밥을 비벼도 되고, 튀김용 기름으로 또는, 국에 넣어도 조화를 이룬다. 이렇듯 모든 요리에 사용이 가능하다. 단 찬 음식에는 코코넛 오일이 하얗게 굳으므로 올리브 오일과 혼합하여 사용하면 액체 상태를 유지시킬 수 있다. 튀기거나 굽는 경우 수분이 있는 재료는 온도가 다소 높아도 되나 요리를 할때 기름에서 연기가 발생하면 산화가 시작된다는 신호이므로 더 이상 가열해서는 안 된다. 참고로 코코넛 오일이 산화되기 시작하는 온도는 섭씨 약 176도이므로 모든 식용유 중에서 끓는 온도가 가장 높다.

코코넛 오일의 특이한 향이 싫을 경우는 버터와 혼합하여 사용해도 되는데 특히, 가열이 필요한 튀김이나 프라이를 할 때는 끓는 점이 높고 변하지 않는 코코넛 오일이 가장 좋다.

코코넛 오일은 다른 식물성 식용유처럼 재료에 기름이 많이 스며들지 않는 특성이 장점이다. 일반 식물성 식용유로 튀긴 음식들은 건강에 해를 주지만, 코코넛 오일은 과열시키지 않으면 오히려 건강에 도움을 준다. 한편 코코넛 오일을 커피나 차, 따뜻한 우유, 주스 등에 첨가하여 음용할 수 있다. 한편 기름 성분이므로 표면 위에 뜨지만 마시는데는 별 지장이 없다.

♥ 보관 및 유효 기간

다른 식물성 기름은 산화의 위험을 극소화하기 위해 색깔 있는 병에 넣어 뚜껑을 꼭 닫은 후 냉장 보관 하지만 코코넛 오일은 화학적 구조가 안정되어 냉장 보관할 필요가 없다. 한편 실온에서 보관하여도 몇 년간은 산화가 되지 않는다. 그 예로 실온에서 보관한 코코넛 오일이 15년이 지나서도 산화가 되지 않은 경우도 관찰되었다고 한다. 일반적으로 식용유는 빛(실내등 포함), 열, 산소에 의한 산화가 나타나는데, 코코넛 오일은 직사광선을 피해 실내에서 뚜껑을 닫아 밀봉 상태로 보관하면 장기간 동안 산화가 일어나지 않는다.

💗 버터화

보관 온도가 섭씨 23.5도 보다 아래로 내려가면 코코넛 오일은 굳기 시작하여 흰색으로 버터화된다. 그러나 이 현상은 포화 지방의 물성에 의한 것이므로 변질이 아니다. 이런 경우 용기를 따뜻한 물에 담그거나 적절한 방법을 이용해 녹인 후 다시 사용하면 된다.

2) 피부 및 두발 사용법

이 세상에서 먹고 피부에 바를 수 있는 지방은 코코넛 오일 이외에는 없다. 코코넛 오일은 포화 지방 중에서도 항균 작용이 있는 중사슬 지방산이 주성분이다. 또한 다른 오일보다도 잘 산화되지 않으므로 직접 피부에 발라도 다른 식물성 다중 불포화 지방이나 광물성 오일처럼 프리 래디칼을 발생시키지 않아 체내 보유 항산화제의 소모를 막아주고 피부의 연결 조직을 튼튼하게 해 준다.

따라서 코코넛 오일은 기미, 검버섯, 잔주름 등의 노화 방지에 효과가 있고 피부 개선을 증진시키며 아울러 건선이나 무좀, 여드름, 아토피 피부염등 각종 피부 질환에 이르기까지 항균 작용을 하여 예방과 치료를 기대할 수 있는 천혜의 천연 화장품 및 치료 연고가 된다.

코코넛 오일의 지방산은 일반 화장품에서 주로 사용하는 장사슬 지방산의 식물성 다중 불포화 지방과는 달리 그 구조가 짧아 피부에 쉽게 흡수되어 발라도 끈적거리지 않는 장점이 있다. 피부 및 두발에 대한 자세한 내용은 **코코넛 오일과 질병의 피부 건강** 편을 참고하기 바란다.

💜 피부 사용법

수시로 세안이나 목욕 직후 온몸에 번들거리거나 묻어나지 않을 정도로 발라 주고 외출할 때는 휴대하여 소량으로 자주 바르면 자정 기간인 명현 현상 시기를 거쳐 깨끗하고 부드러운 피부를 유지할 수 있다. 이 오일을 바르는 사람들은 화장품을 전혀 쓰지 않는다. 역시 명현 현상으로 초기에는 피부에 여드름, 종기, 각질 등이 나타나기도 하는데 이는 독소 배출 과정임을 명심하고 계속 발라야 효과를 기대할 수 있다.

💜 모발 사용법

두발에는 최소 20~30분 정도 머리카락 전체에 골고루 바른 후 더운 물수건을 사용하여 흡수를 기다리다 샴푸하면 윤기 있는 머리카락이 된다.

비듬이 있는 경우라면 잠자기 전에 골고루 두피에 바르고 수건으로 머리를 감싼 후 아침에 세발하는 방법으로 몇 차례 반복하면 비듬은 사라진다.

어떤 사람은 머리카락이 너무 많이 빠진다고 걱정한다. 우리 인체는 일정량의 머리카락이 빠지면 새로 나게 되어 있어, 오일을 바르면 뭉치고 붙어서 시각적으로 빠진 것처럼 보이지만, 결과적으로 코코넛 오일이 모발 생성을 촉진함을 알게 된다. 아유르베다에서도 풍성한 머릿결을 위해 오래 전부터 코코넛 오일을 이용하여 온 것이 기록되어 있다.

탈모증인 사람의 머리카락이 다시 나는 예가 많음을 엿볼 수 있다. 코코넛 오일의 항균 및 치료 효과에 의해 죽은 세포나 병든 세포를 교환하는 과정에서 빠지는 머리카락은 자연적으로 다시 나므로 안심해도 된다. 그 예로 흰 머리카락이 검게 되는 것으로 알 수 있다.

💜 유성 페인트나 화장 제거

기름기가 많은 물질이나 페인트 등이 피부에 묻으면 비누질을 하고 때수건으로 닦아도 잘 지워지지 않는다. 이 과정에 잘못하면 피부에 손상을 준다. 이럴 때는 코코넛 오일을 바른 후 묻어있는 유성 페인트나 기타 기름이 분해될 때까지 기다렸다가 휴지나 비누로 닦아내면 깨끗이 제거할 수 있다.

화장이나 마스카라 등을 지울 때 피부에 나쁘고 값도 비싼 광물성 오일 베이스 화장품 제거제를 쓸 필요가 없다. 코코넛 오일을 얼굴에 골고루 바른 후 잠시 기다렸다가 휴지 등으로 닦아내고 세안하면 더 깨끗하고 생기있는 얼굴이 된다.

💜 선텐과 맛사지

코코넛 오일은 오래 전부터 가장 좋은 천연의 선텐 및 선 스크림 오일로 사용되어 왔으며, 이런 이유로 많은 화장품 회사들이 아직도 코코넛 오일을 화장품 원료로 쓰고 있다. 외출 전에 흐르지 않을 정도로 살짝 발라 주면 피부 보호에 도움이 된다. 식물성 식용유인 다중 불포화 지방을 평소 많이 섭취한 사람들은 피부 조직에까지 지방이 침투되어 있으며 이런 기름들은 햇빛에 쉽게 산화되어 프리 래디칼을 발생시켜 피부 노화가 촉진되고 자외선에 노출되면 더 약해진다.

피부 조직에 있는 다중 불포화 지방산의 보호자 격인 포화 지방으로 바꿔주려면 많은 시간이 필요 하므로 건강하고 깨끗한 피부를 원한다면 꾸준히 코코넛 오일을 먹고 발라야 한다. 그러면 노화도 방지되고 자외선에도 강한 피부로 개선된다.

코코넛 오일을 바른 후 햇빛에 노출시키는 시간을 매일 점차로 늘려서 피부가 적응할 시간을 만들어 주면 자외선으로 인한 화상을 막을 수 있다. 코코넛 오일은 한번 바르면 몇 시간 동안은 한낮의 뜨거운 태양 광선으로부터 피부를 보호할 수 있다.

열대 지방에서는 맛사지용으로 코코넛 오일을 많이 사용한다.

이미 설명한 대로 코코넛 오일에 항균 작용이 있고 구조가 짧아 피부에 흡수가 잘 되어 광물성이나 식물성 다중 불포화 지방으로 만든 로션처럼 끈적거림도 없고 산화에 의한 프리 래디칼을 형성하지 않아 노화와 주름을 방지하고 피부의 연결 조직을 강화시키는 효과가 있다.

한편 근육이 뭉쳐서 근육통을 유발시키는 부위에 코코넛 오일을 바른 후 더운 습포를 해 주거나 문질러 주면 뭉친 근육이 풀어진다. 잠을 잘 못 잔 탓에 목근육이 불편한 경우에도 아픈 부위에 집중적으로 바른 후 더운 수건으로 흡수를 촉진시켜 주면 곧 통증이 해소된다.

♥ 부부 생활

코코넛 오일은 부부 생활에 사용하여도 항균 작용으로 곰팡이균의 감염이나 각종 성병의 예방에 도움을 주고 만족감을 얻을

수 있다. 또한 질염 치료를 위해 국부적으로 사용하면 효과가 나
타난다. 자궁경부암의 주원인으로 밝혀진 HPV(Human papillo
ma virus) 바이러스도 코코넛 오일의 중사슬 지방산에 의해 억
제되는 것으로 알려져 있다. 서구에서는 이미 코코넛 오일을 이
용한 관련 제품들이 출시되고 있다.

💜 상처와 감염 부위

코코넛 오일을 매일 바르면 모든 종류의 상처나 감염이 빠르
게 회복 된다. 임산부의 경우 임신 초기부터 트기 쉬운 부위에
바르면 출산 후 튼 피부를 걱정하지 않아도 된다. 놀이터에서
놀던 아이가 엄지 발가락이 찢어지고 발톱이 빠질 정도의 상처
를 입었을 때 상처를 소독하고 바로 코코넛 오일을 솜에 묻혀
밴드로 감싼 결과 이틀만에 아무런 흉터도 없이 깨끗하게 치료
된 경우도 있었다. 병원에 가면 최소 일주일 이상 걸릴 치유 과
정이 짧은 시간에 효과를 본 것이다. 이렇게 코코넛 오일은 상
처나 외상에도 빠른 치유 효과를 나타낸다.

이외에도 감염, 화상, 기미, 사마귀나 피부 곰팡이균에 감염되
었을 때도 아주 좋은 효과를 나타낸다. 중사슬 지방산은 빠르게
피부 조직에 흡수되어 세포의 대사율을 높여주고 항균 작용으
로 치유를 돕는다.

코코넛 오일은 헤르페스, 무좀이나 건선, 버짐 등의 박테리아
나 바이러스, 효모 감염 피부병에도 좋은 효과를 얻을 수 있다.
또한 치질이나 치루, 탈홍으로 고생하는 사람들은 환부에 수시
로 바르면 그 증상이 놀랄만큼 개선된다. 균이 잘 서식하는 항
문, 성기 주위에 발라주면 각종 발진이나 피부염이 사라지고 피

부가 검게 변하는 것도 방지할 수 있다. 또한 피멍이 들었을 때도 부위에 발라주면 빠르게 정상으로 돌아온다. 상처가 심한 경우는 상처 부위에 오일을 충분히 문질러 발라주고 자주 그 상태를 확인해본다.

위에서 열거한 내용들은 이미 실생활에서 외용으로 이용되고 있음을 예로 든 것이다. 이미 많은 사람들이 코코넛 오일로 많은 치유 효과를 얻고 있다.

💜 벌레나 해충에 물린데

개미나 벌레, 모기에 물리면 성가신 후유증에 시달린다. 어린 아이의 경우는 긁어서 염증으로 진행될 수도 있고 오래 방치하면 그 부작용으로 다리나 팔 등에 보기 싫은 흉터를 남기게 된다. 그런데 코코넛 오일을 바르면 신기하게도 벌레들이 잘 물지 않을 뿐더러 물린 후 즉시 발라주면 회복이 빨라 통증이나 가려움이 사라진다. 열대 지방 사람들은 모기나 해충에 물려도 민감한 반응을 보이는 사람이 거의 없으며 잘 물리지도 않는다. 매일 코코넛 오일을 먹고 바르면 해충에 잘 물리지 않으며 물렸다고 하더라도 치유가 빨리 된다.

💜 100% 코코넛 오일로 만든 비누

일반 코코넛 오일은 모든 비누의 주요 원재료로 사용되고 있다. 100% 버진 코코넛 오일로 만든 비누는 유리 중사슬 지방산으로 자연 항균제 역할을 한다. 특히 거품이 잘 일어나 산성이 강한 물이나 심지어는 해수에도 거품이 난다. 이 비누는 다른 오일을 혼합하여 만든 부드러운 비누보다도 강력한 세정 작용이 특징이다. 프리 래디칼을 일으킬 수 있는 인공 향료보다 천연 엣센스 오일을 소량 쓰는 것이 피부 건강에 좋다. 그러나 천연 엣센스 오일도 산화가 될 수 있으므로 무향의 비누를 쓰는 것이 바람직하다. 이 비누는 머리를 감아도 머릿결이 뭉치는 현상이 나타나지 않으며 피부에 비누 성분이 남아 있다는 느낌이 들지 않는다. 비누는 세정력이 강하여 민감하거나 건성 피부를 가진 사람들은 쉽게 자극을 받아 기피하지만, 비누를 사용하기 전후에 코코넛 오일을 발라주면 깨끗하게 해결할 수 있다. 근본적으로 건성 피부와 피부 노화를 개선하고 싶으면 가급적 식물성 식용유 섭취를 피하고 코코넛 오일을 식생활에 이용하면 좋은 효과를 기대할 수 있을 것이다.

4. 명현 현상에 대하여

1) 명현 현상과 원인

코코넛 오일 섭취 초기에 심한 복통, 변비 또는 설사를 호소하는 사람들, 수술 부위의 일시적인 통증, 피부 여드름이나 종기, 미열 현상들이 나타남은 부작용이라 생각하여 자신의 체질에 맞지 않는다고 단정한다. 전보다 상태가 더 나빠져서 놀라고 당황하기도 하는데 이는 치유 효과에 따른 명현 현상이다.

어떤 식품이나 약초, 기능성 영양 식품도 섭취하면 해독 작용과 재생산 활동이 갑자기 강화되어 신체에 크게 변화를 일으킬 수 있다.

그리고 이런 해독 작용과 재건 작용이 끝나면 한순간에 모든 증상이 사라진다. 그러므로 불편한 증상들이 나타나는 즉, 강력한 해독 작용이 진행되는 기간을 명현 현상(healing crisis) 기간이라 하는데, 바로 이때 위에 열거한 각종 현상이 나타날 수도 있다.

이 때는 신체가 해독과 재건 작용을 시작했다는 신호이므로 부작용이나 독성으로 착각하지 말아야 한다. 의사들도 환자들에게 특정 다이어트식을 제공하거나 플라시보(placebo) 위약 효과를 이용하여 무약 처방할 경우 명현 현상으로 불평을 듣게 되지만, 이것은 치료가 잘 진행되고 있다는 증거라고 설명해주면 환자들은 참고 기다린다.

코코넛 오일은 믿을 수 없을 만큼 치유 효과가 높다. 그리고 외용으로 사용하더라도 그 효과는 특출하다. 피부에 나타나는 명현 현상의 특징은 여드름이나 종기 등이 곪지 않고 부은 상태에서 미미한 통증을 느끼나 곧 사라진다.

몇 년 동안 처리하지 못했던 체내의 독성 물질이 제거되고 병원균과 병든 세포들을 동시에 배출하는 과정이 명현 현상이다. 이런 독성 물질들이 세포에서 빠져 나와 혈액으로 흘러들어 배출되는 과정에 나타나는 현상은 일반적으로 피로감, 변비, 설사, 구토, 피부 트러블, 여드름, 두통, 근육통, 식욕 감퇴, 미열, 우울 증상으로 나타날 수 있다.

코코넛 오일 섭취 중에는 어떤 증상의 명현 현상도 나타날 수 있음을 상기하여 불편한 과정도 넘겨야 한다.

2) 명현 현상의 예

위궤양 증세가 있으면서 술을 많이 마시는 어느 자영업자는 코코넛 오일 섭취 초기에 나타나는 찌르는 듯한 통증과 설사로 일주일 동안 고생하다가 증세가 많이 호전되어 약을 끊었는데, 출장 때 먹을 수가 없어 며칠을 거르자 다시 궤양 증상이 재발되어 병원 처방약을 먹게 되었다는 것이다. 코코넛 오일이 효과가 있다는 것을 알았지만, 한마디로 복통과 설사가 너무 귀찮아서 포기했다는 예다. 치유 과정의 독소 처리를 다소 참아내지 못한 결과이다. 또 다른 사람은 코코넛 오일을 먹기만 하면 배가 숨을 쉬기 어려울 정도로 아프고 설사가 뒤따르기 때문에 '그러면 그렇지 기름을 먹는데 설사를 안 하겠어?'라고 미리 속단하고 먹는 것을 중지했다. 체독을 버리는 현상을 기름때문이라는 선입견으로 포기한 예이다.

어떤 여성은 심한 생리통이 완화되어 좋아했으나 주기가 너무 빨라져 호르몬 기능에 이상이 온 것이 아닌가 걱정되어 먹기를 중단하였다. 사실은 코코넛 오일의 섭취로 호르몬 분비가 정상적으로 바뀌는 과정이다.

중이염 병력을 가지고 있는 사람이 코코넛 오일을 먹기 시작한 지 얼마 안 되어 이유없이 귀에서 물이 나오고 통증이 있어 사용을 중단했다. 또 어떤 사람은 근시로 라식 수술을 했는데 얼굴에 바르기만 하면 눈에 이물감이 있고 흐리게 보이며 분비물이 계속 나와 눈아래 쪽에 발라보았지만, 증상이 호전되지 않아 바르기를 포기했다.

여드름이 심한 청년이 코코넛 오일을 먹고 바른 지 채 5일이

안 돼서 포기하지 않을 수 없었다. 이유는 얼굴은 물론 목 주위에까지 작은 종기들이 돋아 피부과 의원에 진료차 가자, 의사는 '배운 사람이 왜 그런 이물질을 발랐냐'는 면박과 함께 연고와 항생제 처방을 해 주면서 다시는 바르지 말라고 했다는 것이다.

이외에도 밤에 잠을 잘 수 없으며 코코넛 오일을 먹은 후부터 밥 맛을 잃어 병이 난 것이 아닌가 하는 의구심에 중단하는 이유는 치유 과정인 명현 현상을 오해한 데 있다. 처음 코코넛 오일을 먹고 바르면 예기치 않은 불편한 현상들이 나타나게 되는데 이는 오일의 부작용이나 독성에 의해 발생되는 증상이 아니라 체독을 버리는 과정에서 나타나는 현상이며 오히려 치유 촉진의 증거로 기쁘게 받아들여야 할 일이다.

3) 언제까지 명현 현상이 나타나는가?

어떤 사람은 코코넛 오일을 먹기 시작한 지 1년이 지난 후 갑자기 아무런 이유없이 20년 전에 수술한 다리에 통증이 와 걷지 못할 정도가 되자 병원에 갈까 고민하다가 며칠 앓고 나니 고통이 말끔히 사라지고 수술로 굽었던 다리마저 펴졌다고 한다. 이렇게 명현 현상은 사람에 따라서 빨리 아니면 오랜 시간이 지난 후에도 나타날 수 있다.

코코넛 오일을 먹는 사람들 모두가 똑같은 명현 현상을 겪는 것은 아니다. 성별이나 식생활, 체질과 건강 상태에 따라 한 가지 또는 한꺼번에 여러 가지 유형으로 나타날 수 있고, 어떤 사람들은 거의 느끼지 못하는 경우도 있다. 한가지 분명한 점은 건강한 사람일수록 명현 현상이 2~3일 짧은 기간 동안 미미하게 나타난다. 그러나 건강 상태가 좋지 않은 사람일수록 다양하게 1주~몇 주간 반복되는 현상이 지속될 수 있다는 것이다. 신체가 어느 정도 건강하게 회복되고 유지될 때까지는 이와 같은 명현 현상이 나타나 지속된다.

4) 어떻게 하면 쉽게 넘길까?

처음으로 코코넛 오일을 먹는 경우 서서히 섭취량을 늘리는 것이 바람직하다. 한편 명현 현상이 부담스러우면 음식에 혼합하여 하루 1 테이블 스푼(15ml) 정도의 양을 여러 번에 나누어 섭취하면 무리가 없다. 차츰 회복되면 2 테이블 스푼으로 양을 늘리는 등 우리 몸에 서서히 적응시키면 명현 현상을 줄일 수 있다. 하루 1~2티스푼만 먹어도 심각한 명현 현상 반응이 나타나는 사람은 소화 기능 및 소화 기관에 큰 문제가 있음을 나타내는 증상이므로 이 경우에는 양을 더 줄여서 섭취한 다음 회복기를 지나 적응되면 섭취량을 점차 늘린다.

명현 현상과 관련된 증상들은 치유가 진행되고 있는 과정임을 명심한다. 예를 들어 코코넛 오일을 먹은 후 설사나 묽은 변이 나오면 장을 통해서 독소를 배출하는 과정에서 나타나는 현상이므로 증상을 완화시키기 위해 약을 먹으면 독소 배출은 중지되어 효과를 기대하지 못한다.

명현 현상으로 중도에 섭취와 사용을 중단하는 사람들은 대개 현재 건강 상태가 심각하지 않다는 판단에 잘못된 습관을 고칠 뜻이 없기 때문이다. 그러나 이런 사람들은 시간이 갈수록 많은 양의 약을 복용해야 하고 의료비와 고통을 감수해야 할 것이다.

그러므로 무독성에 부작용도 없으며 의료비보다 저렴한 코코넛 오일의 치유 효과를 알면서도 명현 현상을 참지 못해 사용을 중단한다면 스스로 건강을 악화시키게 될 것이다.

chapter 2

지방에 대한 이해

광고나 출판물, 방송에서 식품의 지방에 대해 잘못된 말을 하는 경우를 종종 보게 된다.

특히 TV광고에서는 건강 전문인이라는 특정인들이 극소량 밖에 들어 있지 않은 미확인 성분을 과대 포장하여 건강에 좋다는 지엽적인 주장을 내세운다.

인체는 조화와 균형을 필수 조건으로 이루어진다. 사람의 특성에 따라 약과 독은 서로 역할이 바뀌는 경우도 있다.

사람은 누구나 체질과 유전적 상태가 다르고 필요한 생리적인 물질도 다르다. 그러나 독성과 부작용이 없는 건강한 지방을 요구하고 있다.

지방을 올바로 이해하면 애매모호하고 황당한 광고에 현혹되지 않고 스스로 건강을 지킬 수 있을 것이다.

그러므로 코코넛 오일의 신비한 성분과 체내 이용에 대한 효과도 보다 더 쉽게 이해할 수 있을 것이다. 설명 용어가 다소 생경하더라도 한 번 읽으면 어느 정도 지방을 이해하는데 도움이 되리라 믿는다.

지방은 학술적으로는 지질(lipids)로 표현하지만, 여기서는 지방, 지방질 또는 오일, 기름 등은 모두 같은 개념으로 이해해도 무방할 것이다. 보통 굳어 있는 상태의 지질을 지방이라 하고 액체 상태의 것을 오일 또는 기름이라 한다.

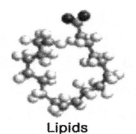

Lipids

식생활에 쓰이는 지방은 대부분 트리글리세라이드(trygly-ceraides)의 형태를 하고 있다. 보통 지방이나 기름이라고 부르는 식용유, 돼지 비계, 쇠고기의 지방도 바로 중성 지방인 트리글리세라이드 형태이다. 구조상으로는 세 개의 지방산 분자가 한 개의 글리세롤(glycerol)에 붙어 있다. 이들 지방산의 종류에 따라 각기 다른 지방이 된다.

코코넛 오일을 포함한 모든 오일은 트리글리세라이드라는 형태로 되어 있는데 오일을 섭취하면 트리글리세라이드는 디글리세라이드(diglyceraides : 2개의 지방산이 글리세롤에 붙어 있는 형태)와 모노글리세라이드(monoglyceraide : 하나의 지방산이

글리세롤에 붙어 있는 형태)라는 유리 지방산(free fatty acids)으로 분해가 된다. 현대인의 식생활을 통해 가장 많은 트리글리세라이드를 간에서 만드는데 그 요인이 되고 있는 것이 바로 에너지로 쓰고 남은 체내의 당분이나 탄수화물이다.

2. 포화에 의한 분류

1) 포화 지방(saturated fatty acids)

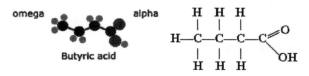

Butyric Acid

Stearic acid

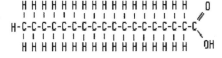

Stearic acid, a saturated fatty acid

포화 지방산의 화학 구조와 형태

지방은 포화와 불포화 지방에 혼합되어 있는 상태로 구성 성분에 포화 지방산이 다른 지방산 성분보다 많으면 포화 지방으로 분류된다.

포화 지방산은 모든 탄소 원자들의 연결에 수소가 포화되어 있어서 더 이상 구조에 변동이 없는 상태이다. 따라서 화학적으로 매우 안정되어 있고 이런 지방은 요리를 위해 열을 가하더라도 쉽게 산패나 변질이 되지 않는다.

포화 지방은 구조상 똑바로 정렬되어 있고 서로 잘 뭉쳐지기 때문에 실온에서도 굳거나 반 쯤 굳은 상태로 있다. 체내에서는 탄수화물을 포화 지방산으로 만들며 각종 동물성 지방이나 코코넛 오일, 팜 오일 등 열대 식물성 기름이 포화 지방으로 분류된다.

식물성 다중 불포화 기름은 주로 다중 불포화 지방산으로 이루어져 있는데, 이를 강제로 수소를 첨가시켜 포화 지방으로 만든 것이 쇼트닝이나 마아가린이며, 포화 지방에 속한다.

2) 단일 불포화 지방(monounsaturated fatty acids)

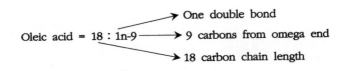

Oleic acid = 18 : 1n-9
→ One double bond
→ 9 carbons from omega end
→ 18 carbon chain length

HHHHH HHHHH H HHHHHHO
| | | | | | | | | | | | | | | | | |||
H-C-C-C-C-C-C-C-C-C=C-C-C-C-C-C-C-C-C -OH
| | | | | | | | | | | | | | |
H HHHHHHH   HHHH HHH

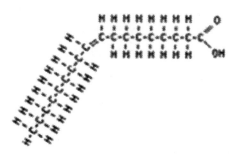

Oleic acid, a monounsaturated fatty acid.
Note that the double bond is *cis* ; this is
the common natural configuration.

단일 불포화 지방산의 화학 구조와 형태

이 지방은 두 개의 탄소 원자가 하나로 이중 결합을 하고 있으며 두 개의 수소 원자가 부족한 상태이다. 체내에서는 이 단일 불포화 지방산을 포화 지방으로부터 생산하며 여러 방법으로 소비된다.

이 지방은 이중 결합으로 구조의 끝이 꼬부라져 있어 서로 잘 뭉치지 않기 때문에 실온에서도 액체로 남아 있다. 포화 지방과 같이 비교적 안정된 형태를 가지고 있어 쉽게 산패하지 않아 요리용 기름으로 쓸 수 있다. 많이 사용되고 있는 단일 불포화 지방인 올레산(oleic acid)이 주성분인 물질은 올리브 오일과 아몬드, 피칸, 캐슈, 땅콩, 아보카도 오일 등이다.

올리브 오일은 비교적 따뜻한 지방에서 생산되는데 높은 온도에서는 액체 상태를 유지하지만 온도가 낮아지면 단단하게 굳는다. 최근 국내에서도 올리브 오일에 대해 많은 관심을 보이고 있는데 생산 방식에 따라 명칭과 품질이 다르다.

엑스트라 버진 등급은 유기농으로 수확한 올리브 오일을 열이나 화학적 방법을 이용하지 않고 짠 것이고, 버진 올리브 오일은 일반 재배한 올리브를 원료로 한 것이다. 이밖에도 'pure'나 '혼합', '라이트'라는 명칭의 올리브 오일이 있는데, 이들은 열과 화학적 정제 과정을 거친 제품들이며 '혼합'은 다른 식물성 오일과 섞은 것으로 구입하기 전에 잘 살펴봐야 한다.

　올리브 오일 역시 열에는 약하므로 채소 샐러드, 드레싱 등의 찬 요리에 적합하지만 가열하는 요리나 튀김 등에는 적합하지 않다. 올리브 오일은 많이 먹으면 비만을 초래한다.

3) 다중 불포화 지방(polyunsaturated fatty acids)

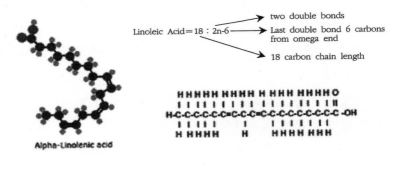

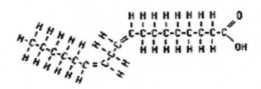

Linoleic acid, a polyunsaturated fatty acid.
Both double bonds are *cis*.

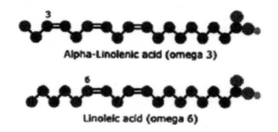

Alpha-Linolenic acid (omega 3)

Linoleic acid (omega 6)

다중 불포화 지방산의 화학 구조와 형태

　이 지방산은 2개 또는 3개 이상의 이중 결합 구조를 하고 있고 4개나 그 이상의 수소 원자가 부족한 형태이다. 음식물 중에서 가장 흔히 볼 수 있는 두 가지의 다중 불포화 지방은 오메가-6 지방산이라 불리는 이중 불포화 리놀레산과 오메가-3 지방산이라 불리는 3개의 이중 결합을 갖고 있는 삼중 불포화 리놀렌산이다(오메가 번호는 처음의 이중 결합의 위치를 나타냄). 이들은 신체 내에서 생산할 수가 없으므로 필수 지방산으로 불리며 음식으로 섭취하여야 한다.

　다중 불포화 지방산은 이중 구조 위치에서 꼬여있어 쉽게 서로 뭉쳐지지 않으며 영하에서도 액체 상태를 유지한다. 이중 결합에서 짝을 짓지 못한 전자들에 의해 지방을 반응성이 강하게 유지시켜 빠르게 산화되며 특히 오메가-3 지방산인 리놀렌산은 쉽게 산화된다.

　이와 같은 다중 불포화 지방들은 열을 가하거나 요리에 사용서는 안 된다. 다중 불포화 지방산은 자연 상태에서 'cis'라는 형태로 존재하는데 이것은 이중 결합에서 두 개의 수소 원자가 같은 쪽에 붙어 있는 형태이다.

트랜스(Trans) 형태는 다중 불포화 식물성 식용유를 강제로 수소를 첨가시켜 포화 지방을 만드는 과정에서 생기는 인공 지방산으로 마아가린, 쇼트닝에 많이 들어 있으며 건강에 심각한 해악을 끼치는 지방산이다. 자세한 것은 **chapter5** 식물성 식용유편을 참고하기 바란다.

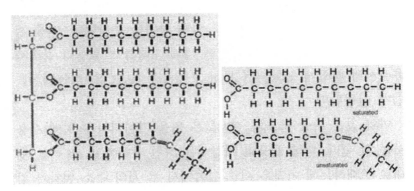

Cis 형태   Trans 형태

식물성이든 동물성이든 지방은 포화 지방, 단일 불포화 지방, 다중 불포화 지방이 일정하게 혼합된 상태이다.

포화 지방산과 불포화 지방산의 결합

보통 동물성 지방인 버터나 돼지 기름, 우지 등은 40~60%의 포화 지방을 함유하고 실온에서 굳은 것이며, 냉·온대지방에서 생산되는 식물성 기름은 다중 불포화 지방이 더 많아 실온에서도 액체 상태를 유지하고 있다.

열대 지방에서 생산되는 식물성 기름은 많은 양이 포화되어 있는데, 그 중에서도 코코넛 오일은 약 92%가 포화 지방이다. 이 지방질은 열대에서는 액체 상태이지만 냉·온대에서는 버터처럼 응고된다. 열대 식물에 기름 성분이 많이 포함되어 있는 것은 뜨거운 환경에 따라 포화를 더 시켜야만 높은 온도에서도 태양빛을 받는 잎이 견고하게 유지될 수 있기 때문이다. 열대 오일이라고 일컫는 열대 식물성 포화 지방인 코코넛 오일이나 팜 오일을 말하는 것이다.

4) 포화 정도에 따른 지방산 구조의 차이와 각종 지방의 포화 정도

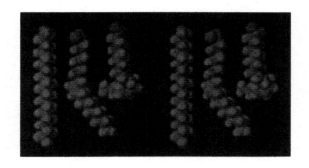

좌로부터 포화 지방, 단일 불포화 지방, 다중 불포화 지방산의 굽은 정도. 불포화 정도와 이중 결합이 많을수록 끝이 더 구부러지게 된다.

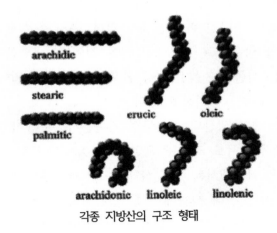

각종 지방산의 구조 형태

각종 지방의 포화 정도

오일 종류	포화(%)	단일 불포화(%)	다중 불포화(%)
카놀라 오일	6	62	32
코코넛 오일	92	6	2
옥수수 기름	13	25	62
잇꽃 오일	10	13	77
해바라기 오일	11	20	69
올리브오일	14	77	9
콩 기름	15	24	61
팜 오일	51	39	10
닭 기름	31	47	22
돼지 기름	41	47	12
우지	52	44	4
버터	92	6	2

Compostion of Dietary Fats : Bruce Fife N.D. : The Coconut Oil Miracle.

일반 식용유와 지방, 지방산 구성의 다른 예시

| 지방 또는 오일 | 불포화 포화 비율 | 포화 | | | | | 단일 불포화 | 다중 불포화 | |
		Capric Acid C10 : 0	Lauric Acid C12 : 0	Myristic Acid C14 : 0	Palmitic Acid C16 : 0	Stearic Acid C18 : 0	Oleic Acid C18 : 1	Linoleic Acid (ω6) C18 : 2	Alpha Linolenic Acid (ω3) C18 : 3
아몬드 오일	9.7	-	-	-	7	2	69	17	-
우지	0.9	-	-	3	24	19	43	3	1
버터(소)	0.5	3	3	11	27	12	29	2	1
버터(염소)	0.5	7	3	9	25	12	27	3	1
인체 지방	1.0	2	5	8	25	8	35	9	1
카놀라 오일	15.7	-	-	-	4	2	62	22	10
코코아 버터	0.6	-	-	-	25	38	32	3	-
상어간유	2.9	-	-	8	17	-	22	5	-
코코넛 오일	0.1	6	47	18	9	3	6	2	-
옥수수 기름	6.7	-	-	-	11	2	28	58	1
면실유	2.8	-	-	1	22	3	19	54	1
아마씨유	9.0	-	-	-	3	7	21	16	53
포도씨 오일	7.3	-	-	-	8	4	15	73	-
돼지 비계	1.2	-	-	2	26	14	44	10	-
올리브 오일	4.6	-	-	-	13	3	71	10	1
팜 오일	1.0	-	-	1	45	4	40	10	-
팜 올레인	1.3	-	-	1	37	4	46	11	-
팜 커널	0.2	4	48	16	8	3	15	2	-
땅콩유	4.0	-	-	-	11	2	48	32	-
잇꽃 오일*	10.1	-	-	-	7	2	13	78	-
참기름	6.6	-	-	-	9	4	41	45	-

콩기름	5.7	-	-	-	11	4	24	54	7
해바라기씨기름*	7.3	-	-	-	7	5	19	68	1
호두기름	5.3	-	-	-	11	5	28	51	5

*올레산 함유량이 높지 않은 종자
*끝자리 수를 생략하여 합계가 100%가 되지 않을 수 있고 평균치를 게재함.

3. 길이에 의한 분류

과학자들은 지방을 포화 상태에 따라서 구분하기도 하지만, 지방산의 길이에 따라서 다음과 같이 분류를 한다.

1) 단사슬 지방산(short-chain fatty acids)

단사슬 지방산은 4~6개의 탄소 원자를 갖고 있으며, 이 지방산은 항상 포화되어 있다. 4탄소 부틸산은 소의 버터에서 볼 수 있고 6탄소의 카프리산은 염소 버터에서 볼 수 있다.

이 지방산들은 항균 작용을 하며 바이러스와 효모 그리고 장내의 유해 병원균들로부터 인체를 보호하는 작용을 한다. 또한 이 지방산들은 담즙에 의한 활성화 없이 바로 몸 속으로 흡수되어 에너지로 빨리 사용되며 올리브 오일이나 다른 식물성 지방들에 비해 체지방을 늘리지 않는다.[2] 단사슬 지방산은 면역 체

계 향상에 도움을 준다.[3]

2) 중사슬 지방산(medium-chain fatty acids)

중사슬 지방산은 8~12개의 탄소 원자를 갖고 있으며 버터나 열대 식물성 기름에 함유되어 있다. 단사슬 지방산과 같이 각종 항균 작용을 하고 체내에 빨리 흡수되는 에너지원으로 체지방을 늘리지 않고 대사율을 높여줌과 동시에 면역 체계를 증강시킨다. 모든 중사슬 지방산 중에서 라우르산의 향균 작용이 가장 강하다.

💚 라우르 지방산

Lauric Acid=12 : 0 → No double bonds
→ 12 carbon chain length

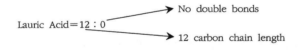

중사슬 지방산인 라우르산의 화학 구조

3) 장사슬 지방산(long-chain fatty acids)

장사슬 지방산은 14-18탄소 원자를 갖고 있으며 포화, 단일 불포화, 다중 불포화 형태의 모든 지방산에 함유되어 있다. 스테아르산은 18탄소 포화 지방으로 흔히 쇠고기와 양 기름에서 볼 수 있다. 올레산은 18탄소 단일 불포화 지방산으로 올리브 오일의 주성분이다. 다른 단일 불포화 지방산으로서는 16탄소의 팔미톨산이 있는데, 이 지방산도 매우 강한 항균 작용의 성질을 갖고 있지만, 팔미톨산은 동물 지방에만 들어 있다.

두 개의 필수 지방산은 모두 18탄소의 장사슬 지방산이다. 다른 중요한 장사슬 지방산으로서는 감마 리놀레산(gamma-linoleic acid : GLA)이 있는데, 18탄소에 3개의 이중 결합을 하고 있는 형태이다. 앵초, 유리지치, 검정 건포도 오일이 감마 리놀레산을 함유하고 있다. 몸 안에서 오메가-6 리놀레산을 이용하여 감마 리놀레산을 생산할 수 있으며 프로스타글란딘 (prostaglandins)이라는 물질을 생산하고 이용하게 만들어 준다. 이런 장사슬 지방산들은 체지방으로 축적이 된다.

4) 초장사슬 지방산(very-long-chain fatty acids)

초장사슬 지방산은 20 ~ 24 탄소 원자를 갖고 있다. 아주 불포화되어 있어 4~6개의 이중 결합 구조를 갖고 있다. 필수 지방산으로부터 체내에서 합성할 수도 있다.

중요한 초장사슬 지방산은 'DGLA(dihomo-gamma-linolric acid)'로 불리우는 20탄소로 3개의 이중 결합 구조인 지방산과 20탄소로 3개의 이중 결합 구조 및 4개의 이중 결합 구조를 갖고 있는 아라키돈산(AA), 20탄소와 5개의 이중 결합 구조를 갖고 있는 아이코사노이드산 (EPA), 22탄소와 6개의 이중 결합 구조를 갖고 있는 도코사헥사노이드산(DHA) 등이 있다.

위에서 도코사헥사노이드산을 제외한 모든 초장사슬 지방산들은 프로스타글란딘 생산에 사용된다. 그리고 아라키돈산과 도코헥사노이드산은 신경계 기능에 중요한 역할을 한다.[4]

5) 각종 지방의 지방산 길이에 따른 분석

지방 명칭 (Fatty Acid)	코코넛	팜	버터	팜 커널	돼지 비계	옥수수	우지	콩
단사슬 지방산 (Short Chain Fatty Acids)								
부틸산 Butyric(C4 : 0)	—	—	3	—	—	—	—	—
카프로산 Caproic(C6 : 0)	0.5	—	1	—	—	—	—	—
중사슬 지방산 (Medium Chain Fatty Acids)								
카프릴산 Caprylic(C8 : 0)	7.8	—	1	4	—	—	—	—
카프리산 Capric(C10 : 0)	6.7	—	3	4	—	—	—	—
라우르산Lauric(C12 : 0)	47.5	0.2	4	45	—	—	—	—
장사슬 지방산 (Long Chain Fatty Acids)								
미리스트산 Myristic(C14 : 0)	18.1	1.1	12	18	3	—	3.0	—
팔미트산 Palmitic(C16 : 0)	8.8	44.0	29	9	24	11.5	29.0	11
스테아르산 Stearic(C18 : 0)	2.6	4.5	11	3	18	2.2	22.0	4
아라키돈산Arachidic(C20 : 0)	0.1	—	5	—	1	—	—	—
팔미톨산 Palmitole(C16 : 1)	—	0.1	4	—	—	—	—	—
올레산 Oleic(C18 : 1)	6.2	39.2	25	15	42	26.6	43.0	25
리놀레산 Linoleic(C18 : 2)	1.6	10.1	2	2	9	58.7	1.4	51
리놀렌산 Linolenic(C18 : 3)	—	0.4	—	—	—	0.8	—	9
포화 구성 비율(%)								
포화	92.1	45.2	69	83	46	13.7	54.0	15
단일 불포화	6.2	39.3	29	15	42	26.6	43.0	25
다중 불포화	1.6	10.5	2	2	9	59.5	1.4	60

㈜ : 괄호 안의 C는 탄소 원자 수, 콜론(;) 뒤의 숫자는 이중 결합 수로 0은 포화를 1은 단일 불포화, 2와 3은 다중 불포화임을 표시.

4. 지방이 갖고 있는 중요한 영양

1) 지용성 비타민

동물 지방은 버터에 많으며, 지용성 비타민은 비타민A, 레티
놀, 비타민D, 비타민K, 비타민E뿐만 아니라, 이들이 최적 효율
로 사용되도록 자연적으로 생성된 기타 보조 요소들까지 포함
한다. 버터에 있는 비타민A는 다른 음식에서 섭취하는 것보다
더 쉽게 흡수되고 이용된다.[5] 이 지용성 비타민은 살균 온도에
도 잘 견디며 구조도 비교적 안정되어 있다. 비타민A와 D는 성
장과 튼튼한 뼈, 뇌와 신경 체계의 발달, 성별에 따른 적절한 성
징 발현에 필수적이며 수용성 비타민의 흡수를 위해서도 지용
성 비타민이 필요하다. 지용성 비타민은 뼈의 구조를 균형있게
하며, 입천정을 크게하며 촘촘하고 흠없는 치아와 잘 생기고 균
형 잡힌 얼굴 등을 만들어 준다.

2) Wulzen Factor

'antistiffness factor'라고도 불리며 동물의 날기름에 들어 있는
물질로 Rosalind Wulzen 박사가 발견하여 명명하였으며 사람과
동물의 관절을 칼슘화와 퇴행성 관절염으로부터 보호해 주는
역할을 한다. 또 한편으로는 동맥경화를 방지하고 백내장과 송
과체의 칼슘화를 막아준다.[6] 살균된 우유나 탈지유를 먹인 송아

지는 관절이 굳어지고 잘 성장하지 못하는데 이러한 증상은 송아지 먹이를 생버터 지방으로 바꿔주면 치료가 된다고 한다. 열처리 소독은 이 Wulzen factor를 파괴하며 생버터와 생크림, 전지 우유에만 들어있다.

3) Price factor 또는 Activator X

Price 박사에 의해 발견되었다. 이 Activator X는 강력한 촉매로 미네랄의 흡수와 이용을 돕는 비타민A나 비타민D와 유사한 것으로, 방목되어 자란 동물의 내장이나 해산물에서 발견되는 물질이다. 봄이나 가을에 빨리 자라는 풀을 먹고 자란 소의 버터에 Activator X가 많이 들어 있다. 기름을 짜고 남은 면화 씨나 고단백 대두박 등을 먹은 소에서는 생산되지 않는다.[7] Activator X는 열소독에 의해 파괴되지 않는다.

4) 아라키돈산(Arachidonic Acid)

4개의 이중 구조로 된 20탄소 다중 불포화 지방은 동물 지방에서만 소량 발견할 수 있으며 아라키돈산은 뇌의 기능과 세포막 구성의 필수 성분이고 프로스타글란딘의 전구 물질 역할을 한다. 일부 식이요법 전문가들은 아라키돈산이 많이 함유된 음식을 먹으면 '나쁜' 프로스타글란딘이 생성되어 염증을 일으킬 수 있다고 경고하지만, 프로스타글란딘에 의한 염증을 퇴치하는 물질도 아라카돈산에 의해 생산된다는 것은 주목할 만한 일이다.

5) 단사슬과 중사슬 지방산

버터는 12~15%의 단·중사슬 지방산을 함유하고 있으며 이 유형의 지방산들은 쓸개즙에 의한 유화 과정 없이 소장에서 간으로 직접 흡수됨과 동시에 빠르게 에너지로 전환된다. 이 지방산들은 항균 작용과 항종양, 면역 체계 보조 역할을 하는데 특히 12탄소의 중사슬 지방산인 라우르산은 모유와 버터, 코코넛, 팜 오일 이외의 다른 식품에서는 얻을 수가 없다. 인체에 아주 보호적인 역할을 하는 이 라우르산은 상황에 따라서는 필수 지방산으로 불러야 할 정도로 중요한데 다른 포화 지방처럼 간에서 합성이 되지 않고 포유 동물 유선에서만 생산되기 때문이다.[8] 이 지방은 버터에 소량 들어있고 코코넛 오일에 많은 양이 함유되어 있다. 단사슬 지방산인 4탄소의 부틸산은 버터에서만 얻을 수 있다. 이 지방산도 항균과 항암 작용을 한다.[9]

6) 오메가-6, 오메가-3 필수 지방산

이것은 버터에 소량 있으나 두 가지가 거의 같은 비율로 들어 있다. 균형이 맞춰진 리놀레산과 리놀렌산의 비율은 오메가-6 지방산을 과도하게 섭취했을 때 나오는 문제를 발생시키지 않는다.

7) 결합 리놀레산(Conjugated Linoleic Acid)

초지에서 자란 소들로부터 얻은 버터는 재구성된 결합 리놀레산을 함유하고 있는데, 이 지방산은 강한 항암 효과가 있으며 근육의 발달을 도와주고 체중이 느는 것을 막아준다. 만약 소가 마른 건초나 가공된 사료를 먹었다면 이 지방산은 생산되지 않는다.[10]

8) 레시틴(Lecithin)

레시틴은 버터의 천연 구성 성분으로 콜레스테롤과 기타 지방 구성 성분들의 적절한 흡수와 대사를 돕는다.

9) 콜레스테롤

모유는 아기의 성장과 발달에 필수적이기 때문에 콜레스테롤 함량이 높은데 암과 심장병 그리고 정신 질병으로부터 보호하는 다양한 스테로이드의 생산에 필요하다.

10) 당스핑고 지질(Glycosphingo lipids)

이 종류의 지방은 유아나 노인들의 위장을 염증으로부터 보호하여 주는 역할을 하며, 이런 이유에서 탈지 우유를 먹는 유아들은 전지 우유를 먹는 유아보다 3~5배 이상 더 많이 설사를 하게 된다.[11]

11) 미량 원소

버터 지방에는 망간, 아연, 크로뮴(Chromium), 아이오다인 등 많은 미량 원소가 들어 있다. 바다에서 멀리 떨어진 산악 지방의 주민들은 버터에 함유되어 있는 아이오다인으로 종기 발병과 갑상선 종을 예방할 수 있다. 버터는 항산화 성질의 셀레늄이 풍부해서 청어나 맥아보다 그램(g) 단위 이상으로 함유되어 있다.

버터나 동물성 지방의 섭취를 반대하는 사람들은 각종 환경 독성 물질이 동물 체내에 축적되어 그것을 우리가 섭취하게 된다고 주장한다. 물론 지용성인 DDT는 지방에 녹으며 항생제나 성장 호르몬 같은 수용성 독성 물질도 우유나 고기에 남아 있을 수 있다. 채소나 곡물에도 독성 물질이 축적되어 있는데 보통 작물은 파종에서 보관까지 10가지 정도의 농약을 사용한다. 곡물에 있는 병원균인 아플라톡신은 가장 강력한 발암 물질이다.

현대인들이 섭취하는 모든 음식물의 내용이 식물성이든 동물성이든 간에 오염되어 있다고 생각하는 것은 옳다. 환경 독극물에 대한 해결책의 하나는 동물 지방의 섭취를 피하는 것이고 코코넛 오일이나 초지에서 자란 소들에서 생산한 버터와 고기를 먹으면서 유기 농법으로 재배한 채소와 곡식을 먹는 생활습관이다.

chapter 3
코코넛 오일의 비밀

1. 특이한 소화 과정과 체내 이용

중사슬 지방산은 장사슬 지방산보다 작고 짧은 구조를 갖고 있다. 지방산은 사슬 길이에 따라 소화, 흡수, 이용 방법이 서로 다르다. 코코넛 오일의 주성분인 단사슬과 중사슬 지방산은 일반적으로 음식에 많이 들어 있는 식물성 식용유의 주성분인 장사슬 지방산과는 전혀 다른 방법으로 소화, 흡수, 이용된다. 코코넛 오일은 지방 분해를 위해 필요한 췌장 효소나 쓸개즙의 도움 없이 소화되어 부담을 주지 않으며 빠르게 영양 공급원이 된다.

1) 일반 식물성 식용유의 소화와 이용

일반 식물성 식용유의 주성분인 장사슬 지방산은 장에서 대부분 흡수가 되는데, 지방산 분해를 위해 쓸개에서 분비되는 쓸개즙이 꼭 필요하다. 장에서 흡수된 장사슬 지방산은 지질 단백질이라고 불리는 'chylomicron' 물질 형태로 바뀌어 혈액 흐름에 들어가게 된다. 이 지질 단백질은 혈액의 흐름에 따라 체내를 계속 순환하면서 작은 형태의 지방으로 쪼개지고 결국 지방 조직에 쌓이게 되는데 이 지방은 동맥 벽에도 쌓인다.

* 장사슬 지방산 흡수 대사 요약 *

장사슬 지방산(일반 식물성 식용유에 많음)-장 벽 흡수(Intestinal Wall)-혈액 순환-심장-간-저밀도 지질 단백질(LDL)-신체 조직 -고밀도 지질 단백질(HDL)-쓸개즙

2) 코코넛 오일의 소화와 이용

코코넛 오일의 중사슬 지방산은 구조가 간단해 타액과 위산에 의해 각각의 지방산으로 분해되어 더 이상 지방 분해를 위한 췌 장효소 즉 쓸개즙이 필요없게 된다. 그리고 장벽으로 흡수되면 혈액과 함께 순환을 거치는 일반 식용유의 장사슬 지방산과는 달 리 바로 간문맥을 통해 간으로 보내진다.[12]

이렇게 간문맥을 통해 직접 간으로 이동된 코코넛 오일의 중사 슬 지방산은 카르니틴의 역할없이 미토콘드리아로 들어가서 에 너지 생산에 이용되기 때문에 장사슬 지방처럼 지방 조직에 쌓이 지 않고 단백질의 이화 작용을 감소시키며 갑상선 기능을 향상시 키고 콜레스테롤과 에스테르를 형성하지 않는다.

이와같이 코코넛 오일의 중사슬 지방산은 혈액 내 순환 과정 을 생략하게 되어 인체의 생리적 부담을 줄이고 지방 세포에 축 적 되거나 동맥 혈관 벽에 붙지 않아 체지방이나 동맥 플라그를

만들지 않게 된다.[13] 또한 추가적으로 중사슬 지방산은 다른 지방산에 비해 쉽게 흡수되므로 코코넛 오일을 다른 음식과 함께 먹으면 마그네슘, 칼슘, 비타민B군 그리고 지용성인 비타민 A, D, E, K 및 베타 카로틴, 아미노산 등의 영양분 흡수를 용이하게 해준다.[14, 15]

저체중 출생아들에게 코코넛 오일을 첨가한 급식을 제공한 결과도 빠른 속도로 체중이 늘어나는 것을 확인할 수 있었는데, 이는 단순히 체지방이 느는 것이 아니라 성장을 통해 체중이 늘어났다는 것을 증명하며[16] 사람의 모유에 왜 중사슬 지방산이 들어 있는가를 설명해 주는 좋은 예다.

또한 코코넛 오일의 중사슬 지방산은 필수 지방산의 결핍을 막기 위해 충분한 양의 불포화 지방과 함께 투여해도 혈중 콜레스테롤 수위를 높이지 않는다. 바로 이런 코코넛 오일의 주성분인 중사슬 지방산의 체내 소화, 흡수, 항균 작용을 포함하여 건강에 매우 유용한 효능을 준다.

＊중사슬 지방산 흡수 대사 요약＊
중사슬 지방산(코코넛 오일)－장 벽 흡수－간문맥－간－에너지 생산

2. 항균 작용

코코넛 오일을 먹으면 인체는 지방을 지질 단백질 보호막을

갖고 있는 병원균을 죽이는 강력한 특수 지방산들로 분해시킨다. 항생제가 듣지 않는 변형 병원균인 슈퍼 병원균도 이 지방산에는 대항하지 못한다. 분해된 코코넛 오일의 중사슬 지방산이 바로 항박테리아, 항바이러스, 항곰팡이, 항기생충 작용을 하기 때문이다.[17~33]

한편 코코넛 오일의 중사슬 지방산은 장내의 유익한 균에는 영향을 미치지 않으므로 항생제 등의 약품 사용과는 달리 매우 유용하다는 장점이 있다.[34]

지방산은 신체에 필수적인 기능을 발휘하여 조직과 호르몬의 근간을 형성한다. 그래서 모든 신체의 세포가 적절하게 기능을 다하기 위해서는 항상 신체에 필요한 지방산을 충분히 섭취하여야 한다.

1) 코코넛 오일의 중사슬 지방산에 의해 죽는 병원균

지난 40년간의 연구로 코코넛 오일의 중사슬 지방산들이 항균 작용을 하는 병원균들의 명칭을 열거한 것이다.

각종 의학지에 발표된 중사슬 지방산에 의해 죽는 병원균들

* 바이러스류
HIV, SARS corona virus, Measles virus, Rubeola virus, Herpes simplex virus(HSV-1 & 2), Herpes viridae, Sarcoma virus, Syncytial virus, Human lymphtropic virus(Type 1), Vesicular stomatitis virus(VSV), Visna virus, Cytomegalovirus(CMV), Epstein-Barr virus, Influenza virus, Leukemia virus, Pneumonovirus, Hepatitis C virus, Coxsackie B4 virus.

코코넛 오일의 중사슬 지방산에 의해 죽는 미생물들이 일으킬 수 있는 대표적 질병

* 박테리아에 의한 질병
인후 및 비강염, 폐렴, 요도염, 중이염, 류머티스 열병, 충치 및 잇몸병, 식중독, 독물 중독 쇼크 증후군, 임질, 뇌막염, 골반염, 성병, 림프육아종, 결막염, 앵무열병, 위궤양, 패혈증, 심내막염, 소장 결장염.

* 바이러스에 의한 질병
인플루엔자, 홍역, 헤르페스포진, 단핵세포증, 만성피로 증후군, C형간염, 에이즈, 사스

* 곰팡이에 의한 질병
버짐, 무좀, 샅진균증, 칸디다 증, 기저귀 발진, 아구창, 손발톱 곰팡이 증

* 기생충
지아르디아 편모충 감염

2) 코코넛 오일은 어떻게 병원균을 죽이는가?

중사슬 지방산인 라우르산이 박테리아의 형질 도입(transduction : 박테리오 파지를 매개로 유전적 형질이 한 세포에서 다른 세포로 옮아가 유전 형질이 변화하는 현상. 특히 세균에서는

박테리오 파지를 매개로 어떤 세균의 유전정보가 다른 세균으로 전달되어 유전적 다양성을 증가시킨다) 신호 체계에 교란을 주어 죽인다는 설과 바이러스의 결합을 와해시키고 성숙을 막아 억제한다는 연구가 있다.[35, 36]

대부분의 박테리아는 지질 단백질(lipoprotein)이라는 보호막으로 싸여져 있는데, 이런 병원균들은 DNA와 기타 세포 구성 물질의 막을 갖고 있으며 일반적으로 비교적 견고하고 강한 사람의 피부와는 달리 거의 액체와 비슷한 상태의 세포막을 갖고 있다. 이 세포막의 지방산은 느슨하게 결합되어 있어 유연하고 이동성이 좋아 병원균들은 아주 작은 틈새를 자유롭게 넘나들 수 있다.

하지만 지질 단백질 막을 갖고 있는 박테리아와 바이러스는 중사슬 지방산 군에 의해 세포막이 파괴되어 죽는다.

그 이유는 중사슬 지방산이 병원균들의 지질 단백질과 형태와 성질이 유사하고 구조가 병원균의 세포막의 지방산보다 작아서 병원균의 세포막을 쉽게 통과하여, 침투할 수 있기 때문이다.

중사슬 지방산과 병원균의 세포막이 접촉되면 중사슬 지방산의 침투로 거의 액체 상태인 균의 세포막을 더욱 약하게 만든다. 결국 균의 세포막은 와해되고 느슨해져서 균의 내용물이 흘러나와 죽는다. 그리고 백혈구가 죽은 병원균 잔류물을 처리하여 체외로 버리면 인체의 살균 및 독성 물질 처리가 완료되는 것이다.

이렇게 중사슬 지방산은 인체 조직에 알려진 부작용이나 유해 작용 없이 침입한 병원균을 죽인다.

3) 피부 항균 작용

신체는 여러 가지 방법으로 끊임없이 침투를 시도하는 병원균을 방어하고 있다. 강한 위산은 음식에 들어 있는 대부분의 균을 죽인다. 혈액 속의 병원균은 백혈구가 공격을 해서 죽인다. 그러나 가장 많은 살균 작용을 하여 신체를 보호하고 있는 곳은 피부이다. 균이 피부를 통해 체내로 침투하려면 피부의 강력한 화학 보호막을 통과해야 한다. 이런 화학적 보호 기능을 하는 것 중의 하나가 바로 피지이다.

모낭에서 분비되는 피지는 일종의 천연 피부 크림으로 피부가 건조해지거나 갈라지지 않게 보호하는 역할도 한다. 이 피지에는 중사슬 지방산이 함유되어 있어 피부로 끊임없이 침투를 시도하는 병원균을 죽인다. 한 예로 고양이가 틈틈이 털을 깨끗이 핥아주는 것이나 동물이 상처난 부분을 계속 핥아주는 이유도 바로 자신들의 타액으로 체내외에 보유하고 있는 중사슬 지방산 분해를 촉진하여 감염을 막고 치유를 촉진하기 위한 본능적 행동이다.

중사슬 지방산은 독성 반응물을 만들지 않는 완벽한 무독성 자연 물질로 건강에 안전하다.

지방질 연구의 대가인 미국의 Jon J. Kabara 박사도 이 중사슬 지방산과 부산물은 지구상의 어떤 물질보다도 독성이 없으며 필수 지방산을 함유하고 있는 다른 음식과 함께 먹더라도 어떠한 독성도 일으키지 않는다고 발표한 바 있다.[37]

이런 중사슬 지방산은 사람의 모유에도 들어있으며 아기를 보호하는 역할을 한다.

4) 식품의 세균

우리가 먹는 식품 원료 대부분이 살균 과정을 거쳤다고는 하지만 조금만 부주의해도 세균에 감염된다. 박테리아에 의한 식중독이 대표적인 예로 우리 나라에서도 최근 식품 위생에 많은 신경을 써서 예전보다는 상태가 좋아졌지만, 끊임없이 집단 식중독이 발생한다.

흔히 박테리아에 취약한 식품은 육가공 제품으로 긴 가공 과정과 취급, 보관 과정에서 병원균이 침투할 여건에 노출되어 있으므로 이런 식품은 완전히 익혀서 먹어야 한다. 육가공 식품내에 미세하게 병원균이 남아있을 경우 이를 먹으면 바로 감염이 될 수도 있으며, 심하면 질병이나 목숨을 잃는 경우에까지 이를수 있다. 식품은 익혀서 먹으면 되지만, 생식하는 채소나 과일, 그리고 식수는 철저하게 멸균된 상태에서 섭취해야 한다.

매일 코코넛 오일을 섭취한다면 그 안의 중사슬 지방산들이 많은 균에 대해 항균 작용을 하므로 병원균 감염 위험성은 줄어들게 될 것이다.

5) 박테리아와 바이러스 감염 치료

일단 균에 감염되면 항생제나 자기 면역력 이외에는 이를 방어할 수단이 없다. 그러나 만약 균이 변형되어 항생제로 치료되지 않는 슈퍼 병원균에 감염되었다면, 치료 방법은 자신의 면역력에 의지할 수밖에 없게 된다. 요즘은 환경이 열악하여 공기나 음식, 마시는 물, 피부 등 어디에나 많은 병원균이 오염되어 있으며 이중에는 슈퍼 병원균도 예외가 아니다.

최근 미국에서는 항생제를 이용하여 치료가 된다고 믿었던 결핵, 폐렴, 성 접촉에 의한 감염 등이 다시 급증하여 이로 인한 사망자의 숫자가 암과 심장병에 이어 세 번째로 높아졌다고 보고되어 있다. 항생제 남용으로 기존의 어떤 항생제로도 억제가 되지 않는 변형된 슈퍼 병원균이 바로 그 이유라고 한다. 항생제의 공격에도 변형되어 살아남은 균들이 환자의 혈액이나 주요 장기에 잠복해 있다가 면역력 저하로 발병되면 어떤 항생제를 투여해도 속수무책이라는 것이다.

그러나 이런 슈퍼 병원균들도 내성을 갖지 못하는 천연 항균제가 있는데, 이것이 바로 코코넛 오일에 들어있는 중사슬 지방산 균이다. 코코넛 오일은 면역력을 강화시키면서 슈퍼 병원균들을 퇴치하는 유일한 자연 물질이다.

항생제는 박테리아에 항균 효과가 있지만, 바이러스에 대해서는 대항력이 없다. 왜냐 하면 모든 바이러스는 슈퍼 병원균과 같아 효과적으로 죽일 약이 없기 때문이다. 바이러스를 상대로 한 약들은 감염 정도는 다소 줄일 수 있지만, 균을 박멸할 호령이 없어 바이러스성 감기조차도 확실히 치료할 약이 없는 것이 현실이다. 따라서 바이러스성 감기나 플루, 헤르페스, 전염성 단구증가증 등에 감염되면 의사가 해줄 수 있는 처방은 실제로 없다고 보아야 한다.

바이러스에 가장 효과적인 대처 방법은 현재까지는 백신인데 이는 단지 예방을 위한 것이지 치료약은 아니다. 백신은 약하거나 죽은 균을 체내에 넣어 항체를 형성시켜 주는 역할을 하지만 잠정적인 감염이나 기타 질병 원인이 되므로 안전하다고 단정할 수도 없다. 바이러스는 계속 변형되기 때문에 백신도 사실은

효과적이지 못하다. 결국 바이러스에 대한 가장 좋은 보호 역할
은 면역력 밖에 없다. 그러므로 신체의 면역력이 떨어지게 되면
바이러스 감염을 통제할 수 없기 때문에 노약자들은 경미한 감
기도 치명적이다.

가장 대표적인 면역력 부족에 의한 질병은 후천성 면역 결핍
증인 에이즈(AIDS)이다. 바이러스가 신체의 면역 세포를 공격해
면역 세포가 싸움에 지면 어떤 병원균도 방어할 수가 없는 상태
가 에이즈이다. 현재 감염된 사람들은 많은 생명 공학자들이 신
약 개발에 노력하고 있음에도 뚜렷한 치료약이 없어 결국 생명
을 잃을 수밖에 없다. 한편 식품 학자들은 코코넛 오일의 중사
슬 지방산을 에이즈 환자의 치료에 적용하기 위한 연구를 계속
하고 있다. 임상 실험에서 매우 긍정적인 효과가 나타났다고 하
는데 에이즈 환자에게 나타나는 설사나 영양 흡수에는 많은 도
움을 주고 있다고 한다.[38]

입 주위에 생기는 헤르페스포진은 매우 예민할 정도로 신경
이 쓰이는 질환이다. 번지고 물집이 잡혀 쓰리고 아프며 외관을
흉하게 만든다. 어떤 연고를 발라도 빨리 낫지 않으며 일주일은
지나야 겨우 낫기 시작한다. 그러나 발병 초기에 코코넛 오일을
발라주면 하루나 이틀이 지나면 증상이 없어지게 된다. 코 속에
발생하는 염증도 마찬가지이다. 만약 매일 코코넛 오일을 얼굴
에 바른다면 헤르페스 포진을 예방할 수 있다. 또한 바이러스성
감기에 걸리면 건강한 사람도 빠르면 3~4일, 보통 일주일 이상
은 앓아야 낫는다. 이런 경우 치유는 100퍼센트 개인의 면역력
의 정도에 따라 기간이 좌우된다. 그래서 목이 아프고 콧물이
나며 어지럽게 느껴지는 감기 초기에 코코넛 오일 2~3테이블

스푼 정도(30~45ml)를 따뜻한 오렌지 주스나 토마토 주스와 함께 먹으면 효과를 얻을 수 있다. 코코넛 오일을 먹으면 처음에는 증세가 다소 심해지는 듯한 느낌이 들지만 몸이 병원균에 대항하는 기간에 나타나는 것으로 중사슬 지방산의 항균 기능이 본격적으로 가동되면 곧 증세가 사라진다. 이때의 명현 현상도 병원균에 대항하는 기간에 나타난다.

6) 중사슬 지방산의 항균 작용 형태

코코넛 오일에는 항균 작용이 없다. 그러나 섭취하면 체내에서 강력한 항균 작용을 일으키는데 유해한 병원균은 죽이지만 유용한 미생물은 아무런 영향을 받지 않는다. 그러나 항생제는 체내의 유용한 균도 함께 죽이는 약리 작용이 있다.

라우르산과 카프리산의 활성적 항균 형태는 모노글리세라이드 형태인 '모노라우린(monolaurin)'과 '모노카프린(mono-caprin)'이다. 중사슬 지방의 항균 작용은 모노글리세라이드와 유리 지방산 형태일 때만 가능하며 디글리세라이드와 트리글리세라이드에는 그런 작용이 없다. 그래서 트리글리세라이드의 형태를 하고 있는 코코넛 오일의 항균 작용을 기대하려면 섭취하여 침이나 위액에 의해 각각의 단일 지방산으로 분해되거나 아니면 피지 박테리아에 의해 피부에서 유리 지방산의 형태를 띠고 있어야만 한다.

7) 라우르 지방산을 공급하는 식품

라우르산은 코코넛 오일의 주성분으로 지중해 지역에서 자라는 월계수 나무의 씨와 열매에서 처음 발견하였다고 하는데, 고대에는 이탈리아, 프랑스, 그리스, 모로코 지역에서 소화나 쓸개 및 피부 질환의 민간 치료약으로 사용되었고 벌레에 물리거나 쏘이는 것을 방지하기 위해서도 사용되었다고 한다. 월계수 씨에는 약 40%의 라우르산이 들어 있지만 역시 코코넛 오일이나 팜 커널 오일이 훨씬 더 풍부한 라우르산을 공급하여 준다.

모든 자연물 중에서 코코넛 오일과 팜 커널 오일(palm kernel oil) 만이 이런 항균 작용을 하는 중사슬 지방을 50%이상 함유하고 있다. 우유의 지방과 버터에는 약 3%정도 들어있다. 이 세 가지 정도가 자연 식품에서 얻을 수 있는 라우르 지방산 공급원의 전부이다. 코코넛 오일 1테이블 스푼(약 14g)에는 약 7g의 라우르산이 들어 있다. 또한 코코넛 오일에는 다른 식품 공급원에는 거의 없는 중사슬 지방산인 카프리산(7%), 카프릴산(8%)과 같은 중사슬 지방산들도 함께 들어 있다. 항균 작용의 효과는 라우르산이 가장 강력하다. 코코넛 오일과 팜 커널 오일 등의 열대 오일을 제외한 다른 식물성 식용유에서 중사슬 지방산은 얻을 수 없다. 아울러 간단히 식품으로 섭취하면서도 질병에 대한 예방과 치료를 동시에 수행한다면 더 이상 좋은 식품은 없을 것이다. 요리에 코코넛 오일을 첨가하면 건강이 보장된다.

8) 중사슬 지방산을 이용한 치료약

중사슬 지방산의 모노글리세라이드가 건강 효과를 높인다는 연구 결과에 따라 미국에서는 보조 식품으로 이미 개발되어 시판되고 있는데 '®Lauricidin'은 미국 건강 식품점에서 쉽게 찾을

수 있다고 한다. 또 수십 군데의 미국 치료 클리닉에서도 이 중
사슬 지방산을 환자들의 치료에 사용하여 괄목할 만한 효과를
거두고 있다고 한다.

모노라우린(monolaurin)의 최초 응용은 마아가린의 보존제
역할과 소의 유선염 방지를 위한 소독제 역할이었지만, 지금은
화장품, 제약, 그리고 질병 치료약으로 사용이 확대되었다. 음식
으로 섭취되는 모노라우린은 매우 특출하면서도 긍정적인 항생,
항바이러스의 효과를 보여준다.

지방질로 싸여진 바이러스에 대한 모노라우린의 항바이러스
영역은 Hierholzer와 Kabara 박사에 의해 처음으로 입증되었고
학자들은 현재 치아 우식증, 위궤양, 양성 전립선 증식, 음부 포
진, C형 간염 및 HIV/후천성 면역 결핍증 등에 대한 추가적인
연구를 진행하고 있다. 이 모노라우린은 항생제와 항바이러스
작용을 가지고 있을 뿐만 아니라 인체 내의 어떤 장기에도 부적
응 거부 작용의 원인이 되지 않으며 병원체의 내성도 줄일 수
있다는 것이 이미 밝혀져 있다.

3. 대사 증진과 대사율 유지

이 부분은 코코넛 오일의 인체 이용에 매우 중요한 부분이다.
코코넛 오일과 질병 편의 '비만'을 참고하기 바란다.

4. 코코넛 오일의 해독 기능

1) 신체 건강과 독성 물질

숨쉬는 공기나 물, 기타 매체를 통하여 현대인은 항상 각종 공해나 독성 물질에 노출된다. 어떤 수단을 써도 이런 독성 물질에 대한 노출은 피할 수 없으며 신체는 이런 독성 물질을 항상 중화하고 체외로 배출시켜서 건강을 지킨다.

만약 신체에 많은 양의 독성 물질이 축적되면 각종 만성 질환이나 조로, 퇴행성 질병을 일으키게 된다. 암 역시 독성있는 세포들이 자라 퍼져서 생기는 병으로 독성 물질은 인체 전반에 다양한 문제를 일으킨다. 독성 물질은 신체에 프리 래디칼을 형성하여 면역력에 과부화가 걸리면 면역 효율이 떨어지게 되고 통증이나 질병이 나타나게 된다. 이런 이유로 몸에 쌓여 있는 독성 물질을 제거하면 건강을 호전시킬 수 있다.

독성 물질을 제거할 수 있는 물질은 여러 가지가 있는데, 코코넛 오일도 이 중의 하나이다. 많은 사람들이 코코넛 오일을 먹은 후 건강 상태가 확연히 좋아졌다고 얘기한다. 코코넛 오일이 가지고 있는 중사슬 지방산은 각종 항균 작용을 하여 몸 안의 나쁜 균을 죽인다. 병원균들은 체내에서 각종 질병도 일으키지만 이들이 배출하는 물질들도 독성이 있거나 발암성 물질이다. 코코넛 오일은 화학적으로 안정되어 독성 물질이 발생시키는 프리 래디칼의 형성을 억제하는 항산화제적 역할도 한다.[39] 여기에 중사슬 지방산은 빠른 흡수로 간에서 바로 에너지로 사용되며 세포 대사율을 높게 유지하는 역할을 하여 독성 물질을 버리고 인체를 개선하고 성장을 촉진하는 기능을 한다.[40] 코코 넛 오일은 아플라톡신(aflatoxin)을 포함한 각종 독성 물질을 중 화시키는 기능이 있다.[41] 동물 실험에서도 발암성 화학 물질을 투여한 후 중사슬 지방산을 처방하면 염증을 줄이고 면역력을 향상시킨다는 결과를 얻었다.[42]

2) 식품중의 조미료 독성 중화

글루타민산(glutamic acid)은 뇌와 신경에 영향을 미치는 신경 독성 물질로 코코넛 오일의 지방산에 의해 그 해악이 감소된 다.[43] 글루타민산은 기본적으로 조미료에 쓰는 MSG의 기본 성 분이다. 동물 실험에서도 글루타민산은 뇌병변과 신경 내분비 이상을 발생시켰으며 인체 실험에서도 마찬가지였다. 발작, 중 풍, 부정맥 등의 증상도 나타났다.[44]

음식의 감칠맛을 내는 MSG의 과다 섭취는 단백질 합성, 항체, 호르몬, 신경 전달 물질 같은 생리 작용에 절대적으로 필요한 비타민 B_6(피리독신)의 결핍을 가져와 무력감, 두통, 발열 등의 증상뿐 아니라 뇌손상, 천식 같은 질환 및 암을 유발할 수도 있 다.

특히 청소년들은 MSG의 과다 섭취에 주의해야 하는데 비타 민B_6는 뇌신경 전달 물질 생성, 인슐린 합성에도 관여하여 많은 MSG를 섭취하면 우울증, 자폐증, 저혈당증, 과잉 행동증, 면역 력 저하 현상이 나타나게 된다. 요즘 청소년들이 좋아하는 인스 턴트 식품에는 이런 MSG 성분이 많이 들어 있다.

3) 각종 발암 독성 물질의 중화

Reddy 박사 연구팀은 쥐의 실험에서 화학 물질로 결장암을 유도한 뒤 서로 다른 형태의 지방을 급이한 결과 옥수수와 잇꽃 오일은 암을 촉진하고 코코넛 오일은 이를 억제한다는 결론을 얻었다.[45] 이와 비슷한 결과로 Cohen과 Thomson도 화학 물질로 쥐에게 유방암을 유도한 후 오일을 급이하여 관찰한 결과 옥수수 오일은 암을 촉진하였고 코코넛 오일에서 추출한 중사슬 지방 75%와 옥수수 오일 25%를 혼합한 용액은 암을 억제한다는 결론을 얻었다.[46]

C.Lim-Sylianco 박사 팀도 코코넛 오일이 6가지 발암 물질에 대해 항돌연변이 효과가 있다는 것을 밝혔다.

'Benzpyrene, Azaserine, Dimethylhydrazine, Dimethynitrosamine, Methylmethanesulfonate, Tetracycline' 등의 물질인데 코코넛 오일을 동물에게 직접 투여하거나 알약 형태로 또는 음식에 넣어주면 이런 6가지 독성에서 보호하여 준다는 사실을 밝혔다.[47, 48]

4) 세균 배출 독성 물질 중화

또 다른 연구에 의하면 박테리아에 의해 배출되는 독인 엑소톡신(exotoxins : 세균이 생산하여 균체 밖으로 분비하는 외독소의 총칭)과 엔도톡신(endotoxins : 균체 자체가 가지고 있는 내독소의 총칭)도 코코넛 오일의 모노글리세라이드에 의해 중화되거나 감소하게 된다는 결론도 보여주고 있다.

식품 산업이나 화장품 업계에서 사용하는 코코넛 오일의 모노글리세라이드는 streptococci 나 staphylococci 균이 배출하는 외독소를 억제하는 효과가 있다.[49, 50] 중사슬 지방산의 모노글리세라이드는 이런 외독성 물질을 중화시킬 뿐만 아니라, 균 자체를 살균하는 효과까지 있다.

한 실험에서는 기니아(guinea) 돼지들을 두 그룹으로 나누어, 한 그룹에는 중사슬 지방산과 생선 오일을 음식에 혼합해 급이하고 다른 한 그룹은 잇꽃 오일을 급이한 후 6개월 뒤에 균을 주사하였다. 여기서 잇꽃 오일을 급이한 그룹은 심각한 대사 및 호흡기 쇼크로 발전되었지만 중사슬 지방산을 급이한 그룹은 미미한 정도의 증상만을 나타내었다.[51]

현대인은 음식이나 공기, 물, 각종 화학 물질, 심지어는 새 집 증후군 등에 의해 항상 독성 물질의 영향을 받는다. 코코넛 오일을 섭취하면 이와 같이 각종 독성 물질의 위험에서 보호를 받을 수 있다.

5) 코코넛 오일에 의해 독성이 완화되는 물질

Ethanol, Glutamic acid/MSG, N-nitrosomethylurea, Azoxymethane, Benzpyrene, Azaserine, Dimethylbenzanthracene, Dimethylhydrazine, Dimethynitrosamine, Methylmethanesulfonate, Tetracycline, Streptococci endotoxin/exotoxin, Staphylococci endotoxin/exotoxin, E.coli endotoxin, Aflatoxin

참고로 코코넛 오일과 질병편에 코코넛 오일을 이용한 해독 프로그램을 소개해 놓았다.

5. 체액의 산도 균형 유지

1) 체액의 산도 역할

체액의 산도(PH)는 건강에 매우 중요한 역할을 한다. 보통 체액은 중성이거나 이에 근접한 산도를 갖고 있는데 혈액의 경우 약알칼리성을 유지하고 있지만 위액은 소화를 위해 강한 산성을 띄고 있다.

만약 위액이 조금이라도 약하면 음식을 소화 시킬 수 없다. 이와 마찬가지로 혈액의 산도가 조금이라도 달라지면 몸의 기능이 영향을 받게 되어 질병으로까지 발전된다. 인체는 체액의 산도를 유지하기 위한 복합적인 작용을 계속하고 있다.

그런데 먹는 음식은 신체의 산도에 영향을 준다. 음식에 따라 체액을 산성이나 알칼리성, 또는 중성으로 만든다. 음식이 체내에 이용되면 회분과 같은 잔류물을 남기게 되는데, 이것이 인체의 체액에 산성이나 중성 또는 알칼리에 영향을 준다. 황이나 염화물, 질소, 인 등은 체액을 산성화시키는 역할을 하며 나트륨, 칼슘, 포타슘, 마그네슘 등은 알칼리화하는 효과가 있다.

2) 식품과 체액의 산도

레몬이나 토마토 등은 신맛이 나지만, 인체에 알칼리성 영향을 준다. 그 이유는 알칼리화하는 광물질이 들어 있어 이용이 끝나면 알칼리성 회분을 남기기 때문이다. 대부분의 신선한 과일과 채소는 체액을 알칼리화시키는 성질을 갖고 있다. 단백질이 높은 육류는 대개 산성화시키는데 햄버거 등 junk food 라 불리는 식품이나 인스턴트 편의식에는 대개 가공 과정에서 알칼리화하는 광물질이 제거되어 산성화되는 성분만 남게 된다. 우리의 신체가 과도하게 산성화되면 암, 관절염, 만성피로, 류머티스성 섬유 조직 염, 및 퇴행성 질환 등에 걸리게 된다.

호두나 아몬드, 헤이즐 넛트, 땅콩 및 너트류는 체액을 산성화시키는 식품이지만, 코코넛은 알칼리화하는 식품이다.[52] 지방은 일반적으로 체내에서 중성 성질을 나타내지만 콩기름 등의 다중 불포화 지방산은 빠르게 산화되어 프리 래디칼을 형성하여 체내의 항산화제를 고갈시켜 산성화를 촉진하므로 다중 불포화 지방은 신체를 산성화시키게 된다.[53~57]

단일 불포화 지방인 올리브 오일은 산성화의 폐해가 덜하다고 한다. 한편 코코넛 오일은 체액을 알칼리화시키는 마그네슘, 칼슘의 흡수를 도와주고 섭취해도 프리 래디칼을 형성하지 않으므로 인체에 좋은 식품이다.

6. 비타민D 합성과 피부 보호

1) 천연 비타민D의 합성

일반적으로 피부가 자외선에 노출되면 피부암에 걸릴 확률이 높다고한다. 그러나 이와 관련된 논란에 많은 학자들이 연구한 결과 자외선이 피부암 발생의 주요 원인이 아님을 밝히고 있다.

즉 피부암이 직접 자외선과 닿는 손발이나 얼굴 등에 나타나는 경우는 극소수이고 대부분 햇빛에 노출되지 않는 부위에서 발생한다는 것이다. 이러한 피부암 발생의 주원인으로 학자들은 자외선보다 식물성 기름인 다중 불포화 지방과 트랜스 지방 섭취에 의한 프리 래디칼의 작용이 더 크다는 사실을 밝히고 있다.

여름에 그을린 피부를 만들면 겨울에 감기를 예방할 수 있다는 말을 들었을 것이다. 실제로 태양의 자외선은 몸에 중요한 역할을 하는 비타민D를 피부를 통해서 신체에서 합성할 수 있도록 만드는 유익하고 중요한 역할을 한다. 이 비타민D는 계란이나 지방이 많은 어류, 상어간 유, 돼지 기름 등의 식품에 들어 있지만, 가장 손쉽게 얻을 수 있는 방법은 우리 피부에 태양의 자외선을 쐬는 일이다. 상어간유 등은 비타민D와 비타민A가 많이 들어 있지만 과도하게 먹으면 오히려 건강에 해가 된다. 그래서 비타민D를 가장 쉽게 얻는 방법은 위도나 계절에 따라 일사량이 다르기는 하지만 보통 하루 30~60분 정도 햇빛을 쐬면 하루 권장량인 1,000~2,000 I.U. 정도의 비타민D를 인체 스스로 합성할 수 있다고 한다.

2) 코코넛 오일과 비타민D의 합성 기회

비타민D가 부족하게 되면 아이들의 발육이 저조하여 뼈가 얇아지고 약하게 되어 인슐린 부족이나 인슐린 저항 현상을 유발하여,[58, 59] 제1형의 소아 당뇨 발생의 중요한 원인이 되며[60, 61] 제2형의 당뇨로 발전될 수 있다고 한다. 결국 비타민D의 부족은 인슐린 저항이나 고혈압, 만성염증 등으로 심장병에 걸릴 확률도 높아지게 된다. X형이나 O형 다리도 비타민D의 부족에 따른 것이 대부분이고 성인의 경우는 골다공증이나 요통, 관절염 등이 나타난다.

다음은 비타민D의 결핍으로 유발되는 질환을 열거한 것이다.

암, 심장병, 고혈압, 다발성 경화증, 당뇨, 골다공증, 관절염, 근육통과 요통, 염증성 장 질환, 건선, 자동 면역 질환

현대인들에게는 햇빛이 부족하지만 일부러 피한다는 것이다. 비타민D의 합성에 가장 값싸고 좋은 방법은 햇빛을 쬐는 일이다. 그러나 태양의 자외선에 피부를 노출시키려면 우선 피부 보호 방법을 먼저 생각해야 한다. 여성들이 많이 바르는 선 블록 크림 같은 경우 8정도의 자외선 차단 팩터만 있어도 이론적으로는 약 94%의 자외선을 차단한다고 한다.

결국 이는 비타민D의 합성을 막을 뿐더러 각종 화학 물질과 광물성 또는 다중 불포화 지방을 원재료로 사용하고 있어 발암의 원인이 되거나 피부 노화를 촉진하게 될 위험이 있다.

결론적으로 코코넛 오일을 일상 생활을 통해 먹고 바르면 비타민D를 합성하게 해주는 자외선을 막지 않은 체 피부를 보호하면서 비타민D 합성의 기회를 얻을 수 있다는 것이다. 다중 불포화 지방은 피부에 바르기만 해도 체내에 흡수되고 또 햇빛에 쉽게 산화되어 프리 래디칼을 형성하여 결국 비타민D의 이용을

방해한다. 그래서 이런 비타민D의 합성과 체내 이용 효과를 최대로 얻으려면 코코넛 오일을 섭취하면서 피부에 바르면 된다.

chapter 4

코코넛 오일과 질병

　인류가 수렵과 채취의 생활 방식에서 농경 문화로 바꾼 후부터 식생활이 개선되고 의학도 발달하여 인간의 수명이 늘어났다고 생각한다. 그런데 고고병리학적 연구에 의하면 수렵과 채취 생활 당시의 인간 평균 수명과 건강 수준은 지금보다 오히려 훨씬 좋았다는 증거 자료가 많다고 한다. 성경의 창세기에도 인간이 몇 백 년씩 살았다고 쓰여 있다.

　농경 문화가 시작되기 이전인 6천년 전의 인류는 풍부하게 영양이 살아 있는 자연식을 생활화하고 환경적인 오염도 없었겠지만 기후적인 요인과 식품 보관 방법 등이 발달되지 않아 살아가는 동안 쉴 새 없이 수렵이나 채취 활동을 할 수밖에 없었을 것이다. 고고병리학에 의하면 이 수렵과 채취에 따른 활동으로 외상이나 물리적인 상처 정도는 있었지만, 지금처럼 치명적인 질병은 없었다는 것이다. 중미의 원주민 유골을 연구한 결과 옥수수 경작이 시작된 시기 이후의 유골에서 그 이전에는 거의 보이지 않던 충치와 여러 질병을 앓기 시작한 흔적이 나타났다고 연구 발표를 하고 있다.

　지난 세기를 거쳐오는 동안 대량 경작과 식품 가공 기술이 빠르게 발달하였고, 1900년대 중반 이후 각종 질병 환자의 수도 급속하게 증가되어 왔다. 결국 인류가 먹는 식품의 변화에 따라 질병도 증가한다는 사실을 보여준다. 흥미로운 사실은 각종 질병의 급증을 보여주는 통계와 식물성 가공 지방의 소비 그리고 각종 가공 식품의 소비와 밀접한 비례 관계를 보여주고 있다.

의학의 아버지라 불리는 히포크라테스는 음식으로 고치지 못하는 병은 의사도 고칠 수 없다며 음식의 중요성을 강조했지만, 올바른 먹거리를 찾기 힘든 요즘은 건강에 좋다고 선전하고 있는 식품 자체가 오히려 질병을 일으키는 요인이 되고 있다.

코코넛 오일은 수 십 세기 전부터 인류가 먹어온 천연 무독성 식품으로 많은 현대 습관병을 예방해 주며 각종 질병 치유에 큰 도움을 준다. 코코넛 오일의 신비한 치유 효과를 경험한 많은 사람들은 천혜의 건강 치유 식품임을 결코 의심하지 않는다.

1. 심장병

1) 심장병 폭증의 주범 – 식물성 식용유

1920년 이전에는 미국에서도 관상동맥 심장병은 매우 희귀한 병이었다. 그러나 이후 40년 동안에 심장병은 기하급수적으로 늘어났고 50년대 중반에는 미국인들의 사망 요인 중 가장 높을 만큼 환자수가 폭증하여 오늘날 미국인의 40%가 심장병으로 사망하고 있다.

이 사실에서 식생활을 통한 포화 지방의 섭취 때문에 심장병이 발생했다면 이 기간 미국인들의 동물성 포화 지방의 섭취가 급증했을 것이라고 추측할 수 있다. 그러나 통계에 따르면 1910년부터 1970년까지 미국의 동물성 포화 지방의 소비는 83%에서 62%로 오히려 줄었고 버터의 소비량도 1인당 연간 18파운드에서 4파운드로 급감하였으며 콜레스테롤 섭취량은 단지 1%밖에 증가하지 않았다는 것이다. 대조적으로 같은 기간 동안에 마아가린이나 쇼트닝 또는 정제 기름의 형태로 된 식물성 기름의 소비는 400%나 폭증했고 설탕과 가공 식품의 소비는 60%가 늘었다고 한다.[62]

이렇게 미국의 통계 자료에 나타난 성인 사망의 최대 원인인 심장병을 포함, 각종 암과 비만, 당뇨 등의 성인병은 바로 식물성 불포화 지방을 많이 소비하면서 비율이 매년 급증한 것을 나타나고 있다.

포화 지방, 특히 코코넛 오일에 대한 대두 가공 식용유 업계 공격의 내용은 심장병 발생을 빌미로 삼고 있다. 이는 한마디로 진실이 뒤바뀐 것으로 각종 연구에 의하면 코코넛 오일에서 수소화 식물성 지방으로 섭취를 바꾸면서부터 심장병 사망이 급증하였다는 사실을 증명하고 있다. 이미 1950년대에 수소화 식물성 지방의 섭취가 심장병 원인 중의 하나라는 사실이 밝혀졌고 식용유 가공 산업계도 오래 전부터 이 사실을 알고 있었다. 그러나 그들은 이윤을 위해서 오류 검증도 거치지 않고 자신들에게만 유리한 연구들을 근거로 소비자들을 속여온 것이다.

아직도 대기업에 의한 정책적 연구가 성행하고 있는 것이 현실이며 앞으로도 그들의 광고는 계속될 것이다. 얼마 동안 담배 업계가 흡연이 암을 일으킬 수 있다는 것을 인정하지 않은 것처럼 대두업계도 아직 트랜스 지방산이 심장병을 일으킨다는 것을 부정하고 있다. 이들은 대중의 인식을 교활하게 이용하여 포화 지방과 열대 오일을 심장병의 주범이라고 매도하고 있는 것처럼 1980년대와 1990년대 대규모 캠페인을 통해 열대 오일과 포화 지방을 소비 시장에서 몰아냈다.

그들은 수소화 식물성 오일이 심장 질환을 유발시키고 건강에 큰 문제를 일으킨다는 반복되는 학계의 각종 연구를 조직적으로 묵살 은폐하여 왔다. 수소화 지방에 대한 부정적인 증거들이 계속 발표됨에 따라 지금은 열대 오일이 건강에 나쁘다는 주장에 대한 반론에 침묵을 지키면서 무조건 식물성 오일을 섭취해야 한다고 주장하고 있다.

그러나 수소화 지방과 트랜스 지방에 대한 바른 인식은 최근 막을 수 없을 정도로 표면화 되었다. FDA에서 식품의 트랜스 지방 함유량 표기를 관련 업계의 요구로 계속 연기하여 오다가 이를 시행하겠다고 결정한 것도 바로 식물성 가공유의 건강에 대한 폐해가 논란의 대상이 되자 더 이상 미룰 수 없게 되었다.

수소화 가공되지 않은 코코넛 오일은 인체에 어떤 부작용이나 독성도 없으며 마음놓고 섭취할 수 있는 심장 친화적, 심장 보호적 식품이다.

그러나 코코넛 오일은 오래 전(제2차 세계 대전 이전)에 이미 사용하였고, 일반적으로 정제 코코넛 오일은 쉽게 구할 수 있는 원료이므로 의약계나 제약계에서는 이를 과대 선전 할 명분이 없으므로 코코넛 오일을 임상적 연구 대상으로 지원할 필요가 없다.

코코넛 오일과 중사슬 지방산이 건강에 유익한 정보를 일반인들에게 제대로 제공하여 주지 못하였기 때문에 많은 오해가 있었다고 판단된다.

2) 포화 지방과 콜레스테롤의 체내 역할

포화 지방과 콜레스테롤은 건강에 나쁜 것으로 인식되어 있다. 우선 포화 지방과 콜레스테롤의 역할에 대해 살펴보는 것이 바람직하다. 포화 지방이 각종 현대병을 일으킨다는 인식은 잘못된 것으로 오히려 포화 지방은 인체 화학에 매우 중요한 역할을 하고 있음에 주목해야 한다.

3) 포화 지방의 역할

- 포화 지방산은 50%의 세포막을 구성하며 적당한 강도 유지와 보전성을 제공한다.
- 포화 지방산은 뼈 건강에 절대적으로 필요한 역할을 하는데 칼슘이 뼈의 구조에 효과적으로 들어가기 위해서는 적어도 50% 이상의 섭취 지방이 포화 지방이어야 한다.[63]
- 포화 지방산은 혈액 중의 물질인 심장병의 발병 가능 척도를 나타내는 Lp(a) 수치를 낮추며,[64] 한편 알콜과 타이레놀(Tylenol)과 같은 독성 물질로부터 간을 보호한다.[65]
- 포화 지방은 면역 체계를 도와준다.[66]
- 포화 지방은 필수 지방산의 적절한 이용에도 필요하여 가

늘고 긴 오메가-3 지방산은 섭취 음식에 포화 지방이 많을 때 더욱 조직 속에 잘 보존된다.[67]

- 포화된 스테아르산과 팔미트산은 심장 친화적인 지방으로 심장을 둘러싸고 있는 주변 근육의 지방에도 많이 포화되어 있으며, 심장은 필요에 따라 이들 포화 지방을 끌어내 사용한다.[68]

성실하게 연구 평가된 과학적 증거들은 동맥에 달라붙는 포화 지방이 심장병의 주 원인이라는 주장을 인정하지 않으며,[69] 실제로 동맥 내에 붙어 있는 플라그의 포화 지방은 전체의 26% 밖에 되지 않고 나머지는 불포화 지방으로 그중 50% 이상은 식물성 식용유의 주성분인 다중 불포화 지방이다.[70]

4) 콜레스테롤의 역할

콜레스테롤에 대해서 잘못 알고 있다는 것이 큰 문제점이다. 혈관은 프리 래디칼이나 바이러스에 의한 염증 또는 구조적으로 약하다는 등의 이유로 손상될 수 있는데, 혈관에 손상이 발생하면 체내의 자연 치유 물질이 곧바로 수선에 들어간다. 이 물질이 바로 콜레스테롤이다. 콜레스테롤은 고분자량 알콜로서 간과 인체의 모든 세포에서 만들어지며 몸 안에서 필수적인 많은 일을 한다.

- 포화 지방과 함께 세포막의 콜레스테롤은 세포에 필요한 강도와 안정성을 유지하도록 만든다. 섭취 음식에 다중 불포화 지방산이 많으면 세포막의 포화 지방산을 대체하게 되어 세포벽이 흐물흐물해진다. 이렇게 되면 콜레스테롤이

구조를 유지하도록 보강해 주기 위해 조직에 투입된다. 이 것이 바로 포화 지방의 섭취에서 다중 불포화 지방으로 바꾸면 일시적으로 혈장 콜레스테롤치가 떨어지게 되는 이유이다.[71]

- 콜레스테롤은 필수적인 코르티코스테로이드에 대해 전구 물질 역할을 하여 스트레스와 대적할 수 있게 하고 심장병과 암으로부터 보호한다. 안드로겐이나 테스토스테론, 에스트로겐, 프로게스테론과 같은 성 호르몬에 대해서도 전구 물질 역할을 한다.

- 콜레스테롤은 건강한 뼈와 신경 체계, 적정 성장, 미네랄 대사, 근육 조정, 인슐린 생산, 재생산, 면역 체계의 기능에 매우 중요한 비타민인 지용성 비타민D에 대한 전구 물질 역할을 한다.

- 담즙은 콜레스테롤로부터 만들어지며 음식의 지방 소화와 흡수에 필수적이다.

- 연구에서 콜레스테롤이 항산화제로서의 기능을 한다는 것이 밝혀졌는데[72] 이것은 나이가 들어감에 따라 콜레스테롤치가 상승하는 것으로 설명이 된다. 항산화제로서의 콜레스테롤은 심장병이나 암으로 발전될 수 있는 프리 래디칼로부터 보호 작용을 한다.

- 콜레스테롤은 뇌의 세로토닌(Serotonin) 수용체의 적절한 기능에 필요한데[73] 세로토닌은 기분을 좋게 하는 인체의 천연 화학 물질이다. 따라서 낮은 콜레스테롤 수위는 신경질적이고 공격적이며 폭력적인 행동을 유발시키고 우울증과 자살 등을 유발시키는 경향이 있다.

- 모유에도 콜레스테롤 함량이 높다. 유아와 어린아이들은 성장기에 뇌와 신경 체계의 발달을 위해 콜레스테롤이 풍부한 음식을 섭취하여야 한다.
- 섭취된 콜레스테롤은 장 벽의 건강을 유지하는 중요한 역할을 한다.[74] 저콜레스테롤 식을 선택한 사람들은 장투수증 (leaky gut syndrome)으로 자가 면역(류머티스, 루퍼스 등) 및 알레르기를 일으키게 되고 기타 질병에 취약하다.

콜레스테롤 자체는 심장병의 원인 요소가 아니다. 콜레스테롤은 혈액 중의 프리 래디칼에 대한 항산화제로서의 역할을 하며 동맥 내벽의 손상(동맥의 플라그 자체는 거의 콜레스테롤 성분이 없음)의 치유를 돕는 물질이다. 그러나 콜레스테롤도 지방처럼 열과 산소에 노출되면 파괴될 수 있으며 손상된 콜레스테롤은 동맥에 상처를 주거나 병리학적으로 동맥 내벽에 플라그 형성을 촉진한다.[75] 손상된 콜레스테롤은 계란 파우더, 분말 우유, 튀김이나 기타 고온으로 가공한 육류나 지방에서 볼 수 있다.

높은 혈중 콜레스테롤 수위는 많은 양의 프리 래디칼을 함유한 지방을 섭취했을 때 신체가 기존 콜레스테롤을 보호하기 위해 추가로 더 많은 콜레스테롤을 필요로 하는 상태를 나타내는 징후일 수도 있다. 인체가 콜레스테롤이 부족하여 심장병이나 암으로 발전되려는 경향이 나타나면 이를 막기 위해 더 많은 콜레스테롤의 투입이 필요하게 된다. 따라서 콜레스테롤을 관상동맥 심장병의 원인이라고 생각하는 것은 잘못된 견해이다.

갑상선 기능 부전 환자는 보통 높은 콜레스테롤치를 나타낸다. 설탕을 많이 섭취하거나 가용 아이오다인이 부족할 때 발생하는 질병으로 조직 치유에 필요한 충분한 양의 물질을 공급하고 보호 물질인 스테로이드를 생산하여 이 상태를 개선시키고 보호하는 역할로 혈액에 콜레스테롤이 많아지게 된다. 갑상선 부전인 사람은 각종 감염과 심장병, 암에 걸릴 확률이 높다.[76]

5) 포화 지방의 잘못된 판단과 심장병

현재 포화 지방은 대중 매체에 의해 진실이 왜곡된 지방이다. 이는 포화 지방이 동맥에 쌓여 심장병을 일으킨다고 말하고 있다. 우리 나라에서도 포화 지방은 건강에 아주 나쁜 물질로 인식되어 있고, 육류도 지방이 없는 것을, 우유는 탈지 우유를, 그리고 저지방식을 하는 것이 건강에 좋으며 섭취량도 제한하는 것이 좋다는 인식을 갖고 있다.

그렇다면 왜 이들은 포화 지방이 나쁘다고 단정하는 것일까? 여기에는 단 한 가지 이유가 있다. 그것은 포화 지방은 간에서 쉽게 콜레스테롤로 변형되어 혈액 내의 수치를 올리고 결국 심장 질환의 위험성을 높이는데 주도적인 역할을 한다는 것이다. 그러나 정반대로 포화 지방이나 콜레스테롤은 심장병의 원인이 아니라는 점이다. 이런 사실을 전문가들은 잘 알고 있지만 대중들은 모른다. 이 이론의 근거는 Ancel Keys 박사의 연구로 이 이론이 미국의 반 포화 지방 캠페인에 이용되었다. 그는 1953년부터 1957년까지 다음과 같이 발표하였다

1953년 : 절반 이상의 식물성 지방과 동물성 지방은 혈중 총 콜레스테롤을 높인다.

1956년 : 콜레스테롤이 높아지는 이유는 지방의 종류와 관계가 없다. 마아가린과 쇼트닝의 섭취를 줄여야 한다.

1957~1959 : 포화 지방은 콜레스테롤을 높이고 다중 불포화 지방은 콜레스테롤을 낮춘다. 수소화시킨 식물성 지방과 동물성 지방이 문제이다.

이와 같이 그의 연구 결과는 전혀 일관성이 없는데 반해 업계와 관련 단체에서는 자신들에게 유리한 점만을 대대적으로 선전하였다. Keys 박사도 긴 세월이 흐른 뒤에 당시 자신의 이론이 오류였음을 인정하였다. 높은 혈중 콜레스테롤은 심장 질환 발병의 수많은 원인 중 하나일 뿐이다. 바꿔 말하면 심장병 환자 중의 일부는 콜레스테롤 수치가 높은 경우도 있지만, 꼭 심장 질환을 일으키는 발병 요인은 아니다. 심장병 사망자 중에는 콜레스테롤 수치가 오히려 낮거나 정상인 사람들도 많다는 것이 진료 담당자들의 소견이다.

다른 심장 질환 요인들로서 고혈압이나 나이, 성별, 흡연, 당뇨, 비만, 스트레스, 운동 부족, 인슐린 수위, 호모씨스테인(homocysteine) 수위 등이 작용하는데, 콜레스테롤 수치는 연령, 성별 심장 질환 발병의 주요 원인에 해당되지 않는 것이다. 그러므로 포화 지방은 정치적, 상업적 목적으로 왜곡되어 대중의 인식을 오도하여 왔다.

6) 코코넛 오일과 콜레스테롤

옛날에는 혈장 콜레스테롤 수치를 측정할 때 총 고밀도 지질 단백질(HDL : 소위 좋은 콜레스테롤)과 총 저밀도 지질 단백질(LDL : 소위 나쁜 콜레스테롤) 수치만 읽었으나 현재 두 콜레스테롤 간의 비율을 비교해 보았다. HDL과 LDL 두 종류의 콜레스테롤 중 어느 것이 실제로 증가했는가를 살펴보는 일이다. 음식에서는 콜레스테롤 양, HDL은 낮아진 LDL의 수치를 증가시켰다. 그런데 코코넛 오일에 대한 연구 결과는 총 콜레스테롤 수치는 높아질 수도 있지만, 실제로 LDL은 낮아지고 HDL콜레스테롤은 높여준다는 결과를 보여준다. 즉 조합 비율이 건강에 이로운 쪽으로 바뀌게 된다.[77~82]

코코넛 오일도 포화 지방이므로 이를 먹으면 콜레스테롤 수치가 높아진다고 주장하는 의사들이 있지만 수소화 가공(마아가린, 쇼트닝 등)하지 않은 자연 상태의 코코넛 오일이 실제로 콜레스테롤 수치를 높인다는 사실을 입증할 공식적인 연구를 통한 증명은 하지 못했다.

미국의 지방 전문가인 Mary Enig 박사는 코코넛 오일에 대한 의사와 식약 종사자들의 편견에서 벗어나 수십 년 전부터 축산학자들이 특정 목적을 위해 시행한 실험에서 수소화시킨 코코넛 오일로 필수 지방산을 완전히 제거하여 실험에 이용하기 시작하면서 시작된 것이라고 설명하고 있다.[83]

수소화된 코코넛 오일만을 먹은 동물은 필수 지방산 부족으로 혈장 콜레스테롤치가 높아진다. 콜레스테롤은 우리 몸에 매우 중요한 역할을 하는데, 오히려 다중 불포화 식물성 오일이나 수소화된 기름을 먹으면 필수 지방산의 부족과 트랜스 지방산에 의해 프리 래디칼이 형성되고 이들의 공격으로부터 동맥 내벽을 보호하기 위해 콜레스테롤이 많아지게 되어 동맥경화 지수를 높이게 된다.[84] 당시 실험에서 사용한 코코넛 오일이 수소화시킨 사실은 밝히지 않고 통칭 코코넛 오일을 사용했다고 발표한 것이다.[85]

유감스럽게도 학계에서는 특정 목적을 위해 행하는 각종 실험에 아직도 수소화시킨 코코넛 오일을 가공되지 않은 것으로 취급하고 있다. 따라서 많은 의사들은 아직도 수소화시키지 않은 코코넛 오일을 먹어도 콜레스테롤 수치가 높아지게 된다고 착각하고 있으며 사람들에게 코코넛 오일은 혈관과 심장에 나쁘다는 잘못된 인식을 주고 있다.

가공하지 않은 코코넛 오일이 혈중 콜레스테롤을 증가시키는 가를 알아보기 위해 동물 실험을 해 보았다. 수컷 쥐에게 코코넛 오일과 해바라기 기름, 그리고 잇꽃 기름을 각각 10%씩 음식에 첨가하여 먹인 후 나타내는 혈중 지질 단백질의 분포를 비교했다. 코코넛 오일을 급이한 쥐는 해바라기 기름을 급이한 쥐보다 확연히 낮은 VLDL과 아주 높은 HDL 수치를 나타냈다.[86]

또 다른 연구에서는 다중 불포화 식물성 기름인 잇꽃 기름을 급이한 쥐의 총 조직 콜레스테롤 축적치는 코코넛 오일(수소화하지 않은 오일)을 급이한 쥐에 비해 6배나 높게 나왔다.[87] 결국 일반적인 코코넛 오일(수소화하지 않은 코코넛 오일)을 급이 하면 동물의 간과 다른 체조직에 더 적은 양의 콜레스테롤이 축적된다는 사실을 증명하였다.

그러나 동물은 사람과 다르므로 실험 결과를 믿을 수 없다고 할 것이다. 스리랑카에서는 코코넛 오일이 수 천년 동안 주민들의 주요 지방 공급원이었다. 1978년 통계에 의하면 주민들의 연간 코코넛 소비량은 1인 당 약 120개였는데 당시에 인구 10만 명 중에 심장병 발생은 1명이었다. 시간이 갈수록 현대인 식생활의 영향으로 도시 주민의 코코넛 오일 소비량이 줄어들자, 성인병과 심장병이 증가하였지만, 도시에서 떨어진 오지에서는 아

직도 코코넛 오일이 주민들의 주요 식품이고 심장병이 전혀 없었다고 한다.[88]

다른 예로 스리랑카의 젊은이들을 대상으로 한 연구에서는 전통 코코넛 오일을 옥수수 기름으로 대체하여 섭취시킨 결과 총 콜레스테롤 수치는 179.6mg/dl에서 146.0mg/dl로 18.7%가 감소하였지만, LDL치는 131.6mg/dl에서 100.3mg/dl로 23.8%감소하였고 HDL도 43.4%에서 25.4%로 41.4%가 감소하였다. LDL/HDL의 비율이 30%나 증가한 결과로 바람직하지 않은 상태로 나타났다.[89]

다른 연구에서 나타난 스리랑카 남성의 콜레스테롤 비교[90]

콜레스테롤	코코넛 오일 섭취	옥수수 오일 섭취(mg/dl)
총량	179.6	146.0
LDL	131.6	100.3
HDL	43.4	25.4
총량/HDL	4.14	5.75

총 콜레스테롤 양을 고밀도 지질 단백질(HDL)로 나눈 콜레스테롤 비율과 심장병 위험도

총 콜레스테롤/HDL(mg/dl)	위험도
3.2 이하	위험도 낮음(이상적)
3.3~4.9	보통보다 낮음
5.0	보통
5.1 이상	매우 높음

오래 전에 행해진 주민들의 연구에서도 결과는 같았다. Prior 박사 팀은 폴리네시아의 어느 섬 주민을 대상으로 콜레스테롤 수위를 측정하였다. 그들은 코코넛 오일로 필요 열량의 50% 이상을 매일 섭취하였으나 콜레스테롤 수위는 증가되지 않았다고 밝히고 있다.[91] 다른 의학 연구에서도 자연 상태의 코코넛 오일을 식용으로 섭취해도 콜레스테롤 수위에 관계없이 어떠한 나쁜 작용도 없었음을 밝히고 있다.[92~95]

코코넛 오일은 중사슬 지방산이 주성분으로 생리 특성상 다른 지방에 비해 연소가 빠르며 다른 지방처럼 체지방으로나 콜레스테롤로 변환되지 않으므로 당연히 혈중 콜레스테롤을 높이지 않는다. 오히려 신진 대사를 강화시켜서 LDL을 낮추고 HDL을 높여주는 경향이 있는 것이다.[96]

다음의 통계는 코코넛 오일을 비교적 많이 섭취하고 있는 필리핀 사람들과 기타 국가의 심장병에 의한 사망률 비교표이다.

35~74세 인구 대상 / 인구 십만 명 당 사망자 수 (2004년 : 미국 심장병 협회)

러시아	1,802	헝가리	1,330	루마니아	1,283
불가리아	1,250	폴란드	1,136	체코	997
아르헨티나	993	멕시코	973	콜롬비아	957
중국	931	스코틀랜드	906	덴마크	874
한국	840	아일랜드	815	미국	814
포르투갈	773	벨기에	758	북아일랜드	743
독일	732	핀란드	729	네덜란드	703
잉글랜드 웨일즈	702	캐나다	701	뉴질랜드	683

이스라엘	683	프랑스	679	노르웨이	656
오스트리아	653	그리스	646	스페인	640
이탈리아	610	스웨덴	596	호주	577
스위스	559	일본	548	필리핀	120

7) 포화 지방과 콜레스테롤은 심장병의 직접적인 원인이 아니다

런던의 신진 대사 연구 전문 기관인 Wynn 재단은 동맥 플라그의 연구에서 인간의 대동맥 플라그 구성을 분석하였다. 심장병으로 죽은 사람들의 동맥을 막은 지방을 분석한 결과 26%가 포화 지방이었고, 나머지 74%는 현재 일반적으로 소비하는 식물성 오일에서 발견되는 다중 불포화 지방이었다고 한다.

이들은 동맥 협소 원인에 대한 결론으로 포화 지방이 심장병과 관련된 어떤 근거도 발견하지 못했고 다중 불포화 지방의 섭취가 동맥 플라그를 형성시키는데 직접적인 영향을 주며 다중 불포화 지방의 섭취는 다시 고려되어야 한다고 결론지었다.[97]

심장병 발병 원인이 높은 콜레스테롤 때문이라는 설에 대해 이미 많은 연구자와 의사들이 부정하고 있다. Malcom Kendrick MD. 박사도 '왜 콜레스테롤-심장병 이론이 틀렸는가? (Why The Cholesterol-Heart Disease Theory Is Wrong)'라는 제목으로 콜레스테롤과 심장병은 관련없다는 사실을 심층적으로 조목조목 증명하고 있으며, Mary G.Enig, Ph.D. 박사나 Uffe Ravnskov, MD.Ph.D. 박사 등 많은 세계적 일류 연구자들이 심장병과 콜레스테롤 이론의 오류를 자세하게 밝히고 있다.

그러나 아직도 미국 암 협회, 미국 국립 암재단, 미국 상원의 영양 분과 위원회 등은 동물의 포화 지방이 심장 질병에만 관련되어 있는 것이 아니라 각종 암과도 관련이 있다고 주장하고 있다.

　그 동안 식물성 식용유가 건강에 좋다고 말하는 지방 전문가들은 포화 지방에 대한 잘못된 인식을 제공한 '지방질 가설(The Lipid Hypothesis)'은 재론의 여지가 없는 과학적인 증거에 기초한 것이라고 주장하여 왔다. 그러나 실제로 저콜레스테롤과 저포화 지방 섭취가 심장병으로 인한 사망을 줄이고 수명을 늘린다는 주장을 설명해 주는 증거는 전무하다.

　모유는 어떤 음식보다도 비교적 높은 콜레스테롤을 공급하며 50% 이상의 칼로리가 포화 지방이다. 콜레스테롤과 포화 지방은 유아와 소아의 성장과 두뇌 발달에 필수적이며[98] 산모와 유아들에게 모유는 가장 안전하고 완벽한 식품임을 주지시켜야 한다. 그러나 미국 심장병 협회에서는 아직도 아이들에게 저콜레스테롤 저지방 음식을 먹이라고 권고하고 있다. 분유에는 포화 지방이 적고 콜레스테롤을 제거한 대두 단백질이 들어가 있는데 아동들의 건강에 나쁘다는 것을 연구를 통해 증명하고 있다.[99]

　세계 각처에서 연구하여 밝힌 결과에 주목해 보기 바란다.

8) 세계 각 나라의 연구에 나타난 포화 지방과 심장병

　예멘에 살면서 동물성 지방만을 섭취한 유태인과, 이스라엘에 살면서 마아가린과 식물성 기름을 섭취한 예멘 출신 유태인을 연구 대상으로 하여 비교한 결과 순전히 동물성 지방만을 섭취한 그룹이 심장병과 당뇨가 적었고 식물성 기름을 먹는 그룹이 질환이 더 많았다. 이 연구에서 예멘의 유태인은 설탕 섭취가 없었고 이스라엘에 거주하는 예멘 출신 유태인들은 총 탄수화물 섭취량의 25~30%에 해당하는 설탕을 소비하고 있었다는 사실을 알게 되었다.[100]

인도의 북부와 남부에 살고 있는 주민을 대상으로 한 비교 연구에서도 상기와 유사한 결과가 나왔다. 북부 지방의 주민들은 남부 주민에 비해 17배나 더 많은 동물성 지방을 섭취하고 있었지만 관상동맥 심장병의 발생은 7배나 낮았다.[101]

아프리카 마사이족과 그 혈족은 대부분 우유와 쇠고기로 만든 음식을 주로 한 식생활에 의존하고 있는데도 관상동맥 심장병에 노출되지 않았고 콜레스테롤 수위도 아주 좋았다.[102]

에스키모인들은 생선 지방과 포유류 지방을 매일 섭취하고 있는데 이런 전통적인 식습관에도 불구하고 질병이 없고 아주 건강하다.[103]

지중해인들도 심장병 발병이 매우 낮았는데 칼로리 섭취의 70%를 고포화 지방인 양고기, 양 소시지, 염소 젖을 거의 주식으로 하고 있었으나 매우 건강하고 장수하고 있었다.[104]

푸에르토리코의 주민들도 많은 동물성 지방을 섭취하고 있는데 심장병, 결장암이나 유방암의 발병률이 낮았다.[105]

구 소련의 조지아 공화국의 장수 마을에 대한 연구에서도 지방이 많은 고기를 먹는 사람들이 장수한다는 보고서를 썼다.[106]

일본 오끼나와 섬의 여자 평균 수명은 84세로 본토보다 더 장수하는 것으로 알려져 있는데 주민들은 돼지 고기와 해산물을 많이 먹고 모든 요리에는 돼지 기름을 쓰고 있었다.(지금 오끼나와는 식습관을 서구식으로 바꾼 젊은이들의 비만과 당뇨, 심장병 등에 의한 조기 사망으로 장수 지역에 해당 되지 않음)[107]

프랑스 각 지방을 여행한 사람들은 버터나 계란, 치즈, 크림, 간, 고기 등의 포화 지방으로 식단이 준비되어 있다는 것을 관찰하였을 것이다. 그런데 프랑스는 서구 어느 나라보다도 관상동맥 심장병의 발병률이 낮았다. 비교 당시 미국에서는 중년 남자 10만 명 중에 315명이 심장병으로 사망하였고, 프랑스는 145명이었다.

특이하게도 프랑스의 가스코니라는 지역은 거위와 오리 간 요리가 주된 음식인데 발병률은 십만 명 중에 80명에 불과했다. 이런 현상은 'French Paradox'라 하여 국제적인 관심을 받기까지 했다. 현재 프랑스인들은 퇴행성 질병을 앓고 있는데, 원인으로 많은 양의 설탕과 가공 밀가루를 섭취하고 있으며, 시간 절약을 위한 인스턴트 음식 문화가 성행하고 있는데 주목하고 있다.[108]

일본의 통계를 예로 들어 저지방 식이 요법을 주장하는 사람들은 세계에서 가장 기름진 음식을 주식으로 하고 있는 스위스인의 생활에 대해서는 설명할 방법이 없다. 수명에 있어서 세계 3, 4위를 다투는 오스트리아와 그리스 사람들은 모두 고지방식을 하고 있다.[109]

이렇게 많은 세계 각처의 연구들 중 그 어떤 것도 포화 지방이 건강 폐해를 나타내지 않는다. 오래 전부터 동물에게 사람의 10배가 넘는 많은 양의 산화되고 부패한 수소화 포화 지방을 투여하여 질병을 유도한 과학자들이 포화 지방이 심장병 발병의 주범이라고 주장하고 있지만, 위에서 살펴본 전세계 각국의 주민들에 관한 연구는 콜레스테롤과 심장병의 연계를 정면으로 반박하고 있음을 보여준다.

지난 40년 동안 특정 사업자들과 정치 집단이 결탁하여 모든 포화 지방이 건강에 나쁜 것이라고 사람들이 믿도록 선도하여 왔다. 그러면서도 포화 지방은 한 가지 지방산이 아니라 세 가지로 분류된 그룹 지방산으로 구성되어 있다는 사실은 알려주지 않았다.

중사슬 포화 지방의 건강에 대한 이점을 알려면 각 포화 지방의 분류에 따른 효과와 영향을 분석하는 것이 필요한데 수 십년 동안 식물성 식용유에 들어 있는 불포화 지방산들, 예를 들면 단일 불포화 지방(오메가-9), 다중 불포화 지방(오메가-6 : 식물성 지방, 오메가-3 : 생선 지방)에 대해서는 상업적인 선전으로 세상에 비교적 잘 알려져 있지만, 포화 지방에 대해서는 오늘날까지도 대부분 잘 모르고 있는 실정이다.

9) 코코넛 오일과 심장병

남태평양의 토케라우와 푸카푸카섬 원주민에 대한 심장병 연구

(Prior, I.A., Davidson F., Salmond C.E., Czochanska Z. 1981. Cholesterol, coconuts, and diet on Polynesian atolls : A natural experiment : The Pukapuka and Tokelau Islands studies. American Journal of Clinical Nutrition 34(8).)

모든 지방산은 대사나 생리적, 약리적 작용이 서로 다르다. 일반적인 인식과는 달리 포화 지방, 중사슬 지방산이 주성분인 코코넛 오일은 심장병은 물론 혈관 질환이나 뇌졸중, 비만 등에 보호적인 역할을 한다. 약 92% 정도가 포화 지방인 코코넛 오일이 인체에 미치는 영향을 연구하는 가장 좋은 방법은 일상 생활을 통해 코코넛 오일을 식습관으로 매일 섭취하고 있는 열대 지방 주민들을 연구하는 일이다.

만약 포화 지방이 심장병, 비만 등을 발생시키는 요인이라면 코코넛 오일을 먹고 있는 열대 지방 주민들이 가장 비만할 것이고 각종 혈관 이상과 심장병 발병 비율도 높아야 하지만 연구들은 정반대의 결론을 내고 있다.

16~17세기에 토케라우와 푸카푸카 섬을 방문한 유럽인들은 원주민들의 치아와 피부가 너무 건강하고 아름다워 틀림없이 '생명의 감로수'를 마시고 있다고 믿었으며, 이 섬들은 '에덴 동산'이라고 알려지게 되었다고 한다. Juan Ponce de Leon 같은 당시 탐험가도 이 소문을 듣고 찾아와 '생명의 감로수'를 찾으려 노력하였지만, 결국 발견하지 못했다고 전해진다.

섬의 원주민들이 왜 아름답고 건강한가를 규명하는 과학적 연구가 Weston A. Price, Jon J. Kabara, Ian A. Prior 등의 학자들에 의해 수행되었다. 그들은 원주민들의 건강 비밀이 '생명의 감로수'가 아니라, 코코넛(오일)에 있었음을 밝히고 있다.

외부 세계와 단절된 지역에서 코코넛을 많이 먹는 남태평양의 원주민들은 심장 질환이나 각종 암, 그리고 나이가 들면서 생기는 퇴행성 질환이 거의 없다는 사실을 발견한 학자들은 그들을 상대로 1960년 초부터 약 20여 년 간에 걸쳐 심장 질병과 음식물에 대한 상호 연계성을 연구하게 되었다.

이 연구에는 코코넛을 섭취하는 고지방식을 위주로 하는 원주민들과 섬을 떠나 뉴질랜드로 이주해 가서 서구식으로 식생활을 바꾼 사람들에 대한 장기적이고 복합적인 영역을 포함시켜 연구했다.

연구는 두 섬의 인구 약 2천 5백 명을 대상으로 실시되었는데, 뉴질랜드에서 약 700km 떨어져 있는 산호섬으로 서구의 문명이나 폴리네시아의 영향을 거의 받지 않은 지역이다. 주민들의 식단은 생선류, 돼지, 닭 등과 코코넛, 일부 식물 뿌리를 먹고 있었다. 일상 음식으로 주로 코코넛이 들어 있는 고지방식을 섭취하였으며, 통조림이나 쌀, 밀가루, 설탕 등은 외지로부터 오는 부정기 선에서 조금씩 구입할 수 있고 음식에 설탕은 거의 첨가하지 않는 식생활을 하고 있었다.

연구자들은 두 섬에서 전통식으로 살아가고 있는 원주민들은 서구인이나 뉴질랜드로 이주해 음식을 바꾼 섬 출신 사람들 보다 월등히 건강하였다고 발표하였다. 주민들에게서는 비만으로 발전될 어떤 종류의 신장 이상, 갑상선 기능 부전의 징후도 없었고 고지혈증은 물론 비만 지수인 Body Mass Index를 적용한 결과를 비교해 보아도 신장과 체중의 비율이 이상적이었으며 소화나 배변 등에도 문제가 전혀 없었다는 것이다. 또한 동맥 이상이나 심장병, 장 질환, 각종 암, 치질, 궤양, 충수염, 대장 게실증 등도 거의 전무했다고 밝히고 있다.

미국인은 하루에 보통 32~38%의 열량을 지방에서 섭취하고 있는데, 이 지방의 대부분은 식물성 다중 불포화 지방이라고 한다. 지금도 미국 심장병 협회(The American Heart Associa tion)에서는 음식물에서 30% 정도의 지방을 섭취하되 포화 지방의 섭취는 10%를 넘지 않도록 권유하고 있다.

그러나 위의 연구에서 토케라우섬 사람들은 포화 지방인 코코넛 오일에서 하루 평균 약 60%의 열량을, 푸카푸카섬 주민들은 약 35%의 열량을 섭취하고 있었지만, 지금의 미국 사람들과는 비교할 수 없을 만큼 좋은 건강 상태를 유지하고 있다는 사실에 주목해 볼 필요가 있다. 현재 미국인들의 과체중 문제나 기타 퇴행성 질병이 문화가 열악한 섬사람들보다도 더 심한 것은 언급할 필요조차 없을 것이다.

이 연구에서 Ian A. Prior 박사가 콜레스테롤 수치를 측정한 결과 섬사람들은 서양인의 170~280mg/dl보다 평균 70~80mg/dl이 더 낮았다. 수입된 설탕이나 밀가루 등 현대 음식의 섭취량이 두 섬 사이에 다소 차이가 있었고 섭취 지방의 총량이 다르기는 했지만 결론적으로 코코넛 오일과 같은 고포화된 지방을 먹어서 해가 되는 현상은 전혀 나타나지 않았으며 두 섬 주민들에게 심장병은 희귀한 병이었다는 결론을 내리고 있다.

토케라우 섬에서 뉴질랜드로 이민 온 사람들을 관찰해 본 결과에 의하면 식생활의 급격한 변화로 포화 지방 섭취가 평균 50%에서 41%로 줄면서 식물성 다중 불포화 지방과 설탕의 섭취량이 늘어난 후 혈중 저밀도 지질 단백질(LDL)이 늘어났다는 것을 보여주고 있다.

이 남태평양 원주민에 관한 연구는 코코넛 오일이 심장병을 일으키지 않는다는 확실한 실제 증거와, 오히려 발병을 억제하고 퇴행성 질병까지 예방하며 비만이 나타나지 않는 건강한 상태를 유지할 수 있다는 결론을 보여주고 있다.

그리고 코코넛 오일의 섭취를 식물성 다중 불포화 지방과 가공 식품으로 대체하면 건강이 현저하게 나빠지게 된다는 결론을 내리고 있다.

10) 콜레스테롤, 포화 지방, 심장병에 대한 기타 연구들

프라밍엄 심장 연구 결과는 '지방질 가설'이 맞는다는 증거로 자주 제시된다. 이 연구는 1948년부터 40년간 미국 메사추세츠의 프라밍엄이라는 도시에서 약 6천 명을 대상으로 진행된 장기간에 걸친 연구이다. 이 길고도 방대한 연구는 두 집단, 즉 콜레스테롤과 포화 지방을 소량 섭취한 집단과 많이 먹는 집단 간을 매 5년마다 비교한 것인데, 연구를 마친 후 이를 진행한 책임자는 자신이 개인적으로 출간한(William P. Castelli, *Archives of Internal Medicine*, 1992) 저서를 통해 다음과 같이 결론지었다.

'메사추세츠의 프라밍엄 연구에서는 많은 양의 포화 지방과 콜레스테롤을, 그리고 많은 에너지를 섭취한 사람들이 혈장 콜레스테롤치가 더 낮았다. 또한 이들의 몸무게가 더 가벼웠고 육체적으로도 건강하여 활동적이었음을 발견하였다.'[110]

이 연구에서는 체중이 평균치 이상으로 무겁고 비정상적으로 콜레스테롤치가 높은 사람이 심장병에 걸릴 위험이 있다는 결과가 나타났지만, 체중이 늘어나는 것과 콜레스테롤 증가는 섭취한 음식의 지방과 콜레스테롤 양에 오히려 역비례 관계가 있음을 나타내고 있다.[111]

또 다른 미국의 한 연구에서는 12,000명 이상의 사람들에 대한 식습관과 사망률을 비교해 보았는데 좋은 식습관을 유지한 사람들(포화 지방과 콜레스테롤을 줄이고 담배를 줄이는 등)은 유의할 만한 수준의 관상동맥 심장병의 감소를 보였지만 모든 원인을 종합한 사망률은 더 높았다고 발표하였다.[112]

영국에서 수천 명을 대상으로 여러 해 동안 수행한 연구에서는 연구 대상자 중 절반에게 포화 지방과 콜레스테롤 섭취를 줄이고 담배를 끊게 한 후 마아가린이나 식물성 기름 등 불포화 지방의 섭취를 증가시켜 보았다. 그런데 1년 뒤에 이들이 주장하는 가공 불포화 지방의 '좋은' 음식을 섭취한 사람들은 포화 지방인 '나쁜' 음식을 섭취한 사람들 보다 100%나 더 높은 사망률을 보였다고 한다. '나쁜' 포화 지방 음식을 먹은 사람들은 담배도 계속 피우고 있는 상태였다.[113]

이 뿐만 아니라, 다른 많은 연구에서도 유사한 결과를 얻었다. 극소수의 연구만이 지방 감소와 관상동맥 심장병 사망률 감소의 상호 연관 관계를 입증하였고, 역시 암으로 인한 사망률, 뇌출혈, 자살과 변사 등으로 인한 사망 요인이 더 증가됨을 나타내고 있다.

1억 5천만 달러를 들인 관상동맥 심장병 예방 실험 클리닉의 지질 연구 결과는 저지방식을 정당화하는 전문가들이 가장 많이 인용한다. 그러나 이 연구는 콜레스테롤과 포화 지방에 대해서는 연구하지 않았고 저콜레스테롤과 저지방식에 대한 연구만을 하였다.

그들의 통계적인 분석은 관상동맥 심장병 예방약을 먹은 사람들이 플라시보(placebo) 그룹에 비해 24% 감소를 보였다고 발표하였다. 그러나 심장병이 아닌 다른 사망 요인인 암, 중풍, 폭력적 행동, 자살 등에 의한 사망률은 증가하였다.[114]

실제 연구에 참여하여 연구 결과를 독립적으로 출간한 연구자가 두 그룹간에 관상동맥 심장병 사망률에 대한 유의할 만한 통계적인 차이가 없다는 견해를 밝혀[115] 심장병 발병을 줄였다는 연구 결과 발표조차도 믿을 수 없게 되었다. 한편 인기있는 언론이나 의학 저널들은 미국의 사망 원인 1위인 심장 질병의 원인이 바로 동물성 지방이라며 마치 오랫동안 그들이 찾은 증거인양 관상동맥 심장병 예방 클리닉의 연구를 극구 칭찬한다.

심장 외과의로 유명한 Michael DeBakey도 동맥경화 환자 1,700명을 대상으로 행한 조사에서 혈액 중의 콜레스테롤 수치와 관상동맥 심장 질환의 발생 사이에서 아무런 관계도 발견하지 못했다고 밝히고 있다.[116]

남부 케롤라이나의 성인에 대한 조사도 '나쁜' 음식 즉 붉은 살코기, 동물 지방, 튀긴 음식, 버터, 달걀, 전지 우유, 베이컨, 소시지 및 치즈등과 과혈중 콜레스테롤 수치와는 아무런 상호 연관 관계를 발견하지 못했다고 보고하고 있다.[117]

한 연구 결과는 버터를 먹은 사람들이 마아가린을 먹은 사람보다 심장병 위험도가 절반이라는 것을 밝히고 있다.[118]

이렇게 학문적으로 동맥경화의 원인이라고 비난 받는 전통 포화 지방을 '심장 친화적'이라고 선전하는 식물성 기름, 즉 다중 불포화 지방산 섭취로 바꾸면 더 많은 병이 발생하게 되는 것을 여러 가지 연구 결과로 알 수 있지만 불행히도 이런 연구만으로는 지방 섭취 습관을 바꾸기 어려운 것이 현실이다. 상업적인 선전에 익숙한 편견이 고착되었기 때문이다.

11) 심장병을 유발하는 요인들

알려진 심장 질환 요인은 여러 가지가 있다. 모든 병은 서로 복합적이고 밀접한 상관 관계가 있지만, 현재는 병명, 국소, 증상, 통계 등에 의해 질병이 구분되어 병명이 다르면 마치 서로 다른 질병인양 인식되고 있다. 이를테면 충치도 심장병의 요인이 될 수 있다고 얘기하면 사람들은 의아하게 생각한다. 그러나 고지혈증이 원인이라면 바로 이해를 한다. 어쨌든 모든 병은 결국 방어와 치유 능력인 면역력과 직결되어 있음을 명심해야 한다. 다음은 심장병을 유발하는 주요 요인들을 열거한 것이다.

나이, 성별, 흡연 여부, 스트레스, 운동 부족, 유전, 혈중 콜레스테롤 수위, 비만이나 과체중, 고혈압, 호모씨스테인(homocysteine) 수위, 동맥 염증, 프리 래디칼, 만성 염증, 당뇨, 비타민과 미량 원소 부족, 단백질 결핍, 과도한 설탕 소비, 갑상선 기능 부전 등등

12) 호모씨스테인(homocysteine)에 대하여

위에서 언급한 호모씨스테인이라는 일종의 아미노산을 함유하고 있는 황의 수위가 심장 질환의 새로운 중요한 위험인자로 알려지고 있다. 그런데 이 혈중 호모씨스테인 수위에 따라 콜레스테롤 수위가 정상인 사람도 심장 질환이나 뇌졸중의 위험을 예측할 수 있는 것으로 나타났다.

연구에 의하면 호모씨스테인 수위가 높아지면 동맥 내벽의 보호막에 손상을 주게 되고 이 요인이 콜레스테롤이나 혈압, 흡연보다도 정확하게 심장병 발병 가능성을 높인다. 호모씨스테인 수위가 10%만 올라가게 되면 심각한 관상동맥 심장병에 걸릴 위험이 높아지게 된다고 한다.[119]

호모씨스테인과 심장 혈관 질환과의 관계는 약 30년 전에 호모씨스틴 뇨증을 앓는 환자들이 나중에는 심각한 심장 혈관 질병으로 발전하는 것을 관찰한 학자들이 관심을 갖기 시작하여 규명

되기 시작하였다고 하는데, 호모씨스테인은 메티오닌대사 과정에서 나오는 아미노산으로 음식의 단백질에서 나오는 필수 아미노산 중의 하나이다.

육류 등을 먹으면 간에서 이 메티오닌을 호모씨스테인이나 다른 물질로 다시 전환시키는데 축적량이 매우 낮은 것이 정상이다. 그러나 간에 어떤 이유로 결함이 생기면 호모씨스테인 대사를 위해 필요한 효소의 형성이 방해를 받아 호모씨스테인의 축적량이 높아지게 된다. 문제는 이 호모씨스테인이 동맥에 독성 물질로 동맥경화를 유발시키고 가속화시킨다는 것이다.

호모씨스테인의 대사를 돕는 효소들은 비타민 B-6, B-12와 폴산(folic acid)인데, 비정상적인 호모씨스테인의 증가는 이런 비타민의 함유가 부적절할 경우에 누구에게나 발생할 수 있는 현상이다.

이렇게 메티오닌과 호모씨스테인이 함유된 다량의 동물성 단백질을 섭취하면서 비타민B군의 공급이 낮은 상태가 되면 혈중 호모씨스테인 수위가 높아지게 된다.

그런데 요즘 식생활은 비타민B군이 풍부한 신선한 과일, 채소, 통곡물 등의 섭취가 모자라는 상태이다. 그래서 가공 식품류, 정제된 밀가루 생산품, 설탕 등을 많이 먹는 경우 비타민B군의 결핍에 의한 호모씨스테인 수위가 증가하여 위험성이 높아지게 된다.

그러므로 가능하면 육류와 가공 식품의 섭취를 줄이고 신선한 과일과 채소 및 통곡물을 먹으면 호모씨스테인 수위를 낮춰 심장 혈관 질환의 위험을 줄일 수 있다. 비타민B군을 섭취하면 이런 위험성이 줄어든다.[120]

코코넛 오일을 매일 먹으면 호모씨스테인 수위를 줄이는데 도움이 된다.

코코넛 오일을 음식과 함께 먹으면 음식이 위에서 오래 머물도록 유도한다. 이렇게 되면 소화 효소들과 위산이 음식에 오래 접촉되고 영양소와 비타민 B군의 흡수 기회를 늘려준다. 이 뿐만 아니라 코코넛 오일은 다른 비타민들과 미네랄의 흡수에도 도움을 주기 때문에 영양 결핍인 사람들에게 유익하다.

혈중의 과도한 호모씨스테인 수위는 비타민 결핍에 의해 일어나게 되며 영양 부족을 유발하게 된다. 코코넛 오일의 음식물 소화, 흡수 이용률 향상은 이런 상황을 개선하는데 도움을 주며 심장병 발병의 위험도 낮춘다.

13) 지방 섭취 비율

현재의 섭취 지방 자료에 의하면 다중 불포화 지방산 자체 뿐만 아니라, 그 섭취 비율도 매우 중요하다는 것이 밝혀졌다. 오메가-6 다중 불포화 지방산과 다른 지방산의 섭취 비율, 그리고 오메가-6과 오메가-3 지방산 비율에 따라 동맥경화와 당뇨가 유발됨을 보여주고 있다.[121]

인도의 연구는 오히려 다중 불포화 식물성 기름의 섭취를 다른 타입의 기름, 즉 전통 요리에 사용하는 기름 각종 버터나 코코넛 오일, 머스타드 오일로 바꾸면 이러한 동맥경화, 심장병, 제2형 당뇨병을 줄일 수 있다고 발표했다. 실제로 인도 심장병 협회에서는 다중 불포화 식물성 식용유나 가공유를 섭취하지 말도록 공식적으로 권고하고 있다.[122]

14) 혈액의 점성

심장이나 혈관 건강에 영향을 주는 중요한 것으로 피가 덩어리로 엉킨 혈병(clots) 즉, 피떡이라는 물질이 있는데 피부에 상처가 나면 출혈이 되지 않도록 생기는 피딱지와 같은 것이다.

이것이 동맥 벽에 형성되면 혈행을 막아 심장 발작이나 뇌졸중 등을 일으킨다. 이런 사람들의 혈액은 건강한 사람들보다 보통 4~5배 정도가 점성이 높은 상태라고 한다.

그런데 의사들은 이 혈액의 점성에 대해 우지나 돼지 기름, 버터 등에 함유되어 있는 장사슬 지방산을 그 원인으로 지적하면서도 다중 불포화 식물성 기름에 함유되어 있는 장사슬 지방산에 대해서는 언급하지 않는다. 사실 모든 지방산류에서 필수 지방산이라 일컫는 오메가-3 지방산과 중사슬 지방산류를 제외한 나머지 다른 모든 지방산들은 포화이거나 불포화이거나 간에 혈액의 점성을 올라가게 한다.

심지어 심장 친화적이라고 하는 올리브 오일조차도 혈액의 점도를 올린다.[123] 그래서 오메가-3 지방산과 중사슬 지방산류의 함유량이 적은 콩 기름, 옥수수 기름, 잇꽃 기름, 카놀라 기름, 땅콩 기름 등을 먹으면 심장 발작과 중풍의 위험성이 높아지게 된다. 반대로 오메가-3 지방산은 이런 위험성을 낮춰주지만 필수 지방산과의 균형을 이루기 어렵다.

그러나 중사슬 지방산이 주성분인 코코넛 오일은 오메가-6 지방산인 리놀레산의 섭취를 줄여줌과 동시에 신체 내의 비타민E의 소모를 막아주고 프로테올리틱(proteolytic) 효소를 억제하지 않아 비타민E의 혈전을 녹이는 기능을 도와준다.[124]

특히 중사슬 지방산을 섭취하면 곧바로 에너지가 되므로 어떤 방식으로든 혈액 점도 증가와는 관계가 없다. 각종 연구들도 코코넛 오일을 많이 먹는 지역의 주민들은 심장병이나 혈전, 혈액 점도와 관련한 심장 질환이나 뇌졸중 등이 희귀한 질환으로 나타나고 있다.

15) 플라그와 동맥경화

코코넛 오일이 어떻게 심장 질환을 예방하는가를 이해하려면 왜 병이 생기게 되는가를 먼저 확인할 필요가 있다. 이는 동맥경화에 의해 심장병이 발병하게 되는데, 혈관이 단단해지는 증상으로 동맥 내에 플라그가 생기는 것이 원인이다. 많은 사람들이 플라그는 콜레스테롤 때문에 발생한다고 알고 있지만, 콜레스테롤은 플라그 형성 과정과 전혀 관계가 없는 물질이며, 오히려 손상된 동맥 벽을 수리, 수선하는 물질이다. 사실 동맥 벽의 플라그는 주로 상처 난 조직에 단백질의 형태로 존재하는 물질로서 실제 동맥경화가 된 혈관은 콜레스테롤이 없거나 적은 양밖에 없다.

인체의 상처−치유 반응의 이론에 의하면 동맥 혈관 내부 벽의 손상은 프리 래디칼이나 독성 물질, 바이러스, 박테리아에 의한 것으로 이런 상처를 일으키는 자극과 염증의 원인이 제거되지 않으면 추가적으로 혈관 내벽에 더 많은 손상이 일어나게 되어 상처난 조직도 계속 커진다.

이 상처난 부분에 딱지를 만드는 단백질(혈소판)과 접촉되면 혈소판이 서로 뭉쳐서 상처 부위를 보호하고 치유하기 위해 접

착제처럼 붙게 되는데, 이것이 플라그를 만드는 것이다.

어떤 원인이든 간에 동맥 내부 벽의 상처는 혈소판이 함께 뭉치도록 만들고 동맥 내부 벽의 세포들은 근육 세포의 성장을 자극하는 단백질 성장 물질을 방출하게 되어 혈전을 만든다. 한편 혈소판, 칼슘, 콜레스테롤, 트리글리세라이드의 복합적인 혼합물이 상처난 조직을 치유하기 위해 그 부위에 함께 뭉쳐서 붙어 있다. 이때 칼슘은 플라그를 견고하게 만드는 역할을 하여 동맥의 '경화'라는 말을 만든다. 보통 사람들이 상상하듯 플라그는 혈관 내부 전체에 일정하게 붙어있는 것이 아니라 상처난 부분에만 고착되어 있는 것이며, 혈관 외부로는 플라그가 빠져 나갈 수 없기 때문에 결국 혈액의 흐름을 막고 방해하게 된다. 결국 이 물질은 콜레스테롤이 아니라 플라그이다.

이렇게 상처난 부위에서 혈소판이 혈전을 만들어 손상된 혈관 부위를 막아 주는데, 상처가 계속되거나 더 많은 혈전을 만드는 상황에 이르면 플라그는 점차 커지게 되고 완전히 동맥을 막는다. 그리하여 플라그에 의해 좁아진 혈관이 혈행을 막는 현상이 심장 관상 동맥에서 발생하면 심장 발작을, 그리고 뇌의 경동맥에서 발생하면 뇌졸중을 일으킨다.

16) 만성 염증과 심장병

최근의 연구에서 많은 심장병 발생 요인 중의 한 가지로 만성 질환이나 미미할 정도로 지속되는 가벼운 병도 심장 질환 발생과 관계가 있음을 보여주는 근거들이 나타났다. 즉 어떤 특정한 병원균은 동맥의 플라그 형성과 심장병에 관계가 있다는 것이 밝혀지고 있는데, 이 만성 질환에 의한 심장병 발병은 일반적으로 알려진 혈중 콜레스테롤 수위, 비만, 당뇨, 운동 부족, 흡연보다 더 높은 위험 요인이라고 한다.[125] 또한 축농증, 기관지 염, 위궤양, 헤르페스 감염, 요도 염 등도 심장병의 원인이 될 수 있다고 밝히고 있다.[126]

이에 대한 연구로 과학자들은 1970년대에 닭에 헤르페스(Herpes)균을 투여한 후 관상 동맥 경화를 연구했고, 1980년대에는 헬리코박터 파이로리와 클라미디아 뉴모니애(Chlamydia pneumoniae : 소아나 성인에서 기관지 염과 폐렴 등의 호흡기 감염을 일으키는 주요한 세균 중 한 가지) 두 종류의 박테리아와 바이러스 헤르페스 균의 일종인 싸이토메갈로 바이러스(cytomegalo virus)균을 사람에게 투여한 후 관찰하였다.

이 연구에서는 40명의 심장병 환자를 관찰한 결과 이들 중 27명이, 남자 30명 중 15명이 잇몸 질환이나 폐 감염을 일으키는 것으로 알려진 클라미디아 균에 대해 양성 반응을 보였고, 41명 중에 단 7명 만이 이 균에 대해 음성 반응을 보였다고 한다.[127]

병원균 감염과 심장 질환이 관련이 있음을 보여주는 연구는 1990년대 동맥 플라그에서 박테리아의 조각들이 발견되면서부터라고 한다. 미국 솔트레이크 병원과 유타 대학에서 실험한 연구에서 90명의 심장병 환자들의 관상 동맥 플라그를 관찰한 결과 약 79%가 클라미디아 균에 감염된 흔적이 있었으며 정상인 사람은 단지 4%였다는 것이다.

한편 동물 실험에서도 증거가 나타났는데, 클라미디아 균으로 감염시킨 토끼의 동맥 벽이 측정이 가능할 정도로 두꺼워져 있어 항생제를 투여하니 다시 정상 크기로 돌아왔다고 한다.

미국인 50%가 헬리코박터 파이로리와 클라미디어 뉴모니애 균, 싸이토메갈로 바이러스 균에 항체 형성을 보여주는 양성 반응을 나타내고 있다고 한다. 이 항체는 반드시 심장병이 진행 중이라고 단정할 수는 없지만 한 번은 이런 균에 감염이 된 적이 있다는 사실을 나타낸다.

헤르페스에 감염이 된 적이 있다면 그 바이러스는 영구히 몸에 잠복한다. 무엇보다도 면역 체계의 효율성이 바로 이런 바이러스들이 일으키는 문제점의 정도를 결정하게 된다. 면역 체계가 약하면 감염은 더 오래 지속되고 그 폐해도 많아진다. 이런 병원균이 혈액에 들어가면 이들은 동맥 벽에 상처를 입힐 수 있고 인지할 수 없는 정도의 가벼운 증상으로 만성 감염 상태로 이어질 수도 있다.

이렇게 되면 동맥 내에서 자라고 있는 균들은 세포를 상하게 하고 한편으로는 상처를 회복시키기 위해 혈소판, 콜레스테롤, 단백질로 플라그가 형성되면서 동맥경화로 진행된다. 병원균에 의한 감염이나 염증이 계속 진행된다면 혈관 내에 플라그 역시 계속 형성될 것이다. 즉 병원균에 의한 감염도 동맥경화를 촉발하고 촉진시켜 심장병의 요인이 된다.

의사들은 병원균 감염만이 심장병의 원인이라고는 말하지 않는다. 프리 래디칼이나 고혈압, 당뇨 등도 동맥 벽을 상하게 하고 플라그를 형성하는 요인이 된다고 한다. 이렇게 모든 감염이 동맥경화를 유발하지는 않지만, 결국은 면역 체계가 적절하게 대응할 수 없을 때만 심장병으로 발전할 수 있는 것이다. 심각한 질병이나 스트레스, 운동 부족, 영양 부족, 흡연 등으로 인체 면역력이 떨어지면 균에 노출되어 미미한 정도의 감염 상태로 전이되어 바로 관상 동맥 경화를 촉진하는 요인이 된다는 사실에 주목해야 한다.

이런 균에 의한 특수한 경우의 심장병에는 항생제로 치료가 가능하다고 생각할 수 있겠지만, 오직 박테리아에만 작용하기 때문에 바이러스 감염에는 속수무책이다. 이렇듯 항생제로는 치료가 불가능 하지만 일반적으로 심장병과 관련이 있다는 박테리아(헬리코박터 파이로리 및 클라미디아 뉴모니애균)와 싸이토메갈로 바이러스를 동시에 박멸할 수 있는 방법이 있다.

그것이 바로 코코넛 오일의 주성분인 중사슬 지방산이다. 코코넛 오일은 이런 관상동맥 경화를 일으키는 세 가지 타입의 주요 균들에 대해 모두 항균 작용을 한다. 이 중사슬 특수 지방산은 인체에 영양과 에너지를 줄 뿐만 아니라 감염과 질병에 치명적이 될 수 있는 균을 죽이는 역할까지 담당한다. 이렇게 코코넛 오일은 안전하고 효과적으로 많은 질병 예방과 극복에 매우 유용한 물질이다.

17) 프리 래디칼에 의한 동맥 내벽 손상과 코코넛 오일

동맥에 손상을 일으키는 다른 주요 원인은 프리 래디칼이다. 이 공격적인 분자들은 담배 연기나 오염된 공기, 식품 중의 많은 물질, 환경 등의 요인으로 우리 몸에 들어오게 되면 세포와 조직을 파괴하는 중요한 원인이 된다.

지방의 산화 과정을 지질과산화(peroxidation)라고 하는데, 건강에 크게 영향을 미치는 프리 래디칼의 발생과 관련되어 있으므로 대단히 중요한 사안이다. 따라서 식품 중에 들어 있는 산화된 식용유와 산패된 정제 식용유의 지질이 가장 위험한 물질이며 섭취하면 인체 내의 기존 천연 항산화 물질까지 빼앗기게 된다. 불포화 지방, 특히 다중 불포화 지방은 빠르게 지질과 산화가 되어 프리 래디칼을 형성시키게 되므로 많은 종류의 질병과 암 발생의 원인이 된다.

현대의 음식에는 이러한 산화된 지방이 많이 들어있다. 특히 가공된 식물성 식용유가 프리 래디칼의 영향을 받아 이것들이 동맥 벽의 세포를 파괴하여 상처를 일으켜서 결국 플라그를 형성하게 된다.

프리 래디칼을 막기 위한 유일한 방법은 항산화제이다. 항산화제는 프리 래디칼을 중화시키는 물질로 많은 연구들이 항산화제(비타민 A, C, E 및 베타 카로틴)로 신선한 채소와 과일을 섭취하면 심장병과 중풍을 예방할 수 있음을 밝히고 있다. 과일과 채소를 통해 풍부한 항산화제를 공급 받을 수 있는데도 사람들은 섭취를 적게 하거나 기피하는 경향도 있다. 이렇게 항산화제가 심장병을 예방 할 수 있는 것처럼 코코넛 오일도 그 항산화적인 작용으로 심장 질환 개선에 도움을 준다.

코코넛 오일은 다른 식물성 식용유와는 달리 화학적으로 매우 안정되어 있고 쉽게 산화되지 않는다. 실제로 코코넛 오일은 프리 래디칼의 공격에 대해서 만큼은 방어적이므로 일종의 항산화제와 같은 역할을 하며 섭취된 다른 오일들의 추가적인 산화도 막아준다.

또한 코코넛 오일은 박테리아나 바이러스, 프리 래디칼에 의한 동맥의 손상을 막아 동맥과 심장을 보호한다. 코코넛 오일은 이렇게 동맥 손상의 원인을 제거함으로서 심장 질환의 위험성을 감소시킴은 물론이고 실질적으로 치유를 촉진시킨다.

18) 치아 건강과 심장병의 예측

치과 의사이며 영양학자인 미국 클리블랜드의 프라이스 (Weston A. Price) 박사는 1930년대에 태평양 군도 주민들의 건강과 그들의 식생활과의 관계를 알아보기 위한 연구 결과를 1938년에 '영양과 신체의 퇴행화(Nutrition and Physical Degeneration)'라는 제목으로 출간하여 현재도 영양학계의 고전으로 평가 받고 있다.

이 연구 대상 지역은 하와이, 사모아, 피지, 타히티, 통가, 누쿠아로파, 뉴 칼레도니아, 마르케사스 및 다른 섬에 이르기까지, 광범위한 지역에 걸쳐 원주민의 건강을 연구하였다. 연구를 시작할 무렵은 오랜 전통식을 해 오던 상태에서 서구와의 교역이 이루어지고 식생활이 바뀌면서 이에 따른 현대 음식이 건강에 어떤 영향을 미치는가를 살펴볼 수 있는 좋은 시점이었다.

프라이스 박사는 치과 의사로서 치아 건강의 연구에 초점을 두었지만, 다른 일반적인 건강 문제도 연구하기 위해 원주민들이 먹는 음식을 분석해 보았다. 관찰 결과 코코넛과 타로 뿌리를 주식으로 하는 원주민들과 서구식을 먹기 시작한 사람들 사이에 건강상 확연한 차이가 있음을 발견하게 되었다. 즉 전통식을 먹는 사람들은 치아나 건강 상태가 아주 좋았으나 현대식으로 음식을 바꾼 사람들은 건강이 나빠지기 시작했다는 사실을 발견한 것이다. 이 연구를 통해 그는 현대식을 하는 사람들은 치과 질환과 폐결핵, 동맥경화와 같은 감염성 및 퇴행성 질환이 발생하기 시작해서 뉴 칼레도니아 주민의 경우 먼 오지에 사는 사람들은 평생 이를 닦지 않고도 0.14% 만이 충치를 앓고 있었으나 서구식을 시작한 항구 주변의 주민은 약 26%가 충치를 앓고 있음을 알게 되었다. 기타 잇몸병이나 다른 건강상의 문제도 서구식을 시작한 사람들이 훨씬 많다는 사실을 발견하였다.

이와 같은 현상은 연구 대상 전 지역의 공통적인 경향으로 나타났고 예외가 없음을 발견하였다. 프라이스 박사는 전통음식을 섭취한 주민의 경우 치아 1000개 중에 3개(0.003%)의 충치를, 서구식을 하는 주민의 경우는 30%(1000개당 300개)가 충치를 앓고 있다는 통계를 평균 수치로 발표하였다.

오늘날의 의사들도 치아 상태가 나쁘면 다른 건강도 좋지 않으며 치아가 건강한 사람들은 비교적 좋은 건강 상태를 유지하고 있다는 데는 반론이 없다. 프라이스 박사의 연구는 바로 이런 사실을 증명해 주었다. 치아가 나쁜 사람들은 심장병, 중풍, 동맥경화, 당뇨, 위궤양, 폐렴 등의 질환과 관련이 있음을 밝히는 연구도 있다.[128]

프라이스 박사의 연구는 전통식을 하는 주민들은 지방을 코코넛에서 얻었고 서구인보다 훨씬 많은 지방을 섭취하였는데도 치아뿐 아니라 다른 건강도 좋았다는 연구 결과를 보여 주고 있다. 이와 같이 프라이스 박사의 연구에서 코코넛이나 코코넛 오일을 섭취하였으나 조금도 해가 없으며 오히려 건강을 증진시켜 준다는 사실이 밝혀진 것이다.

예로부터 현명한 농부들은 가축을 사기 전에 먼저 이를 살펴보았다. 이들은 이가 건강한 동물이 건강하다는 사실을 알고 있었던 것이며 잇몸이 부었거나 이가 빠진 가축은 건강하지 않다는 판단에서 값을 적게 쳐주었다. 이 원칙은 사람에게도 적용이 되는데 구강의 건강은 신체에 영향을 준다. 최근의 연구에서는 구강 질환을 일시적으로 고쳤다 하더라도 근본적인 문제가 사라진 것이 아니며, 당뇨나 궤양, 심장병, 중풍, 동맥경화 등을 일으킬 수 있다고 밝히고 있다.

결론적으로 입 안의 질환을 일으키는 박테리아가 잇몸을 통해 순환계에 들어가면 염증을 일으키고 혈전을 높여 플라그를 생성시켜 결국 심장병이나 중풍, 동맥경화를 유발시킬 수 있으며 나쁜 식품 섭취나 생활 습관에 의해 병원균이 체내에 침투하면 면역력이 낮아져 심장병이 발생할 수도 있다는 결론이다. 이모두를 종합하면 면역력이 관건이다.

프라이스 박사의 연구에서 보듯이 오지 섬주민들은 평생 이를 닦지도 않았고 현대인처럼 살균용 구강 세척액을 쓰지 않았고 치과 의사를 만나본 일도 없으며 자연적으로 좋은 치아 건강과 심장 건강을 유지하고 있었다. 결론은 코코넛 오일의 섭취에 있었던 것이다.

19) 기타 심장 질환의 위험 요소들

지금까지 열거한 요인들은 심장병 발병의 대표적인 요인으로 식습관에 따라 다음과 같은 요소들도 심장병의 원인이 될 수 있다고 학자들은 말하고 있다.

> 비타민E 결핍, 비타민C 결핍, 셀레늄 결핍, 마그네슘 결핍, 단백질 결핍, 과도한 설탕 섭취, 갑상선 기능 부전 등등

프리 래디칼의 파괴적인 활동으로부터 몸을 보호하기 위해서는 식품에서 지속적으로 항산화제를 섭취해야 한다. 항산화적인 역할을 하는 비타민이나 미네랄이 결핍되면 심장 질환이 발생할 수 있는데, 코코넛 오일은 프리 래디칼의 반응을 막는 보호적인 역할을 하여 항산화제가 파괴되는 것을 막아주고 중요한 영양분의 결핍을 예방해 준다.

설탕과 정제된 탄수화물들은 혈당과 인슐린 수위에 아주 나쁜 영향을 미친다. 그 뿐만 아니라, 당뇨나 X신드롬(syndrome X : X 증후군은 협심증 혹은 이와 유사한 흉통을 호소하지만 관상동맥 조영술 결과는 정상인 증후군을 말함)도 심장병의 원인이 되는데, 코코넛 오일은 설탕과 탄수화물이 혈액에서 글루코스로 전환되는 과정을 늦추어 인슐린 수위가 급격히 올라가지 않게 만들어 주며 이와 관련된 질병 치유에 도움을 주는 역할을 한다.

갑상선 기능 부전인 사람들은 심장과는 관련이 없을 것으로 생각하지만, 심장병으로 발전될 수 있음을 보여주는 연구가 있다. 갑상선 기능 부전인 사람들이 정상인 사람보다 약 2.6 배 심장병에 걸릴 확률이 높다고 발표되었다.[129] 갑상선 기능 부전 환자는 온도에 민감하고 체온이 낮아 대사율이 떨어지는 것이 특징이다. 이렇게 되면 체내의 모든 대사 기능이 떨어지게 되고 지방 대사도 낮아진다. 결국 세포의 치유 능력이나 보수 능력이 떨어지게 되어 동맥은 쉽게 플라그를 형성하는데 이때 코코넛 오일을 섭취하면 중요한 역할을 하게 된다. 코코넛 오일은 대사율과 체온을 올려주어 온도에 민감한 효소들이 활성화되도록 정상적인 효소 수위로 만들어 주는 역할을 한다는 것이다.

따라서 코코넛 오일은 비타민, 미네랄, 단백질 결핍, 갑상선 기능 부전으로 인한 심장병 위험을 줄여준다. 가벼운 위험 요소들이 모이면 심장병 발병 확률이 높아지게 된다. 그러므로 작은 위험 요소라도 가능하면 줄여야 한다.

심장 질환의 위험이 되는 여러 요인을 차단하고 예방하는 물질은 코코넛 오일로, 보호 작용을 한다는 사실을 알았을 것이다. 매일 코코넛 오일을 섭취하면 심장 질환에 걸릴 위험성이 줄어들고 평생 심장을 보호할 수 있다.

20) 코코넛 오일은 심장병에 대항하는 무기

코코넛 오일은 콜레스테롤 수치를 높이지 않을 뿐더러 플라그 형성도 촉진하지 않는다. 코코넛 오일은 신진 대사를 향상시키고 혈중 콜레스테롤 수치를 낮추어 준다. 포화 지방이 심장병의 원인이라고 주장한 시대인 1970년대와 1980년대의 연구들조차도 코코넛 오일은 심장 친화적이라는 결과를 보여주었다.

코코넛 오일은 다른 지방들에 비해 체지방을 적게 만들어 결과적으로 생존율을 높인다. 또한 체내 혈전의 형성을 줄이고 세포의 프리 래디칼 발생을 낮추며 혈액과 간의 콜레스테롤 수치를 낮추며 그리하여 세포 내에 더 높은 항산화제의 보유를 촉진시킨다.

코코넛 오일은 심장에 직접적인 영향을 준다. 즉 심장의 기능을 정상화하고 혈압을 낮추어 준다.

어느 심장 박동 이상 환자는 의사가 5년 이내 사망을 진단하고 심장 박동계 설치를 권유하였다. 환자는 이를 거부하고 자연적인 치료법을 찾아 노력하였으나 상태가 호전되지 않고 더욱 나빠졌다. 그때 주변의 권유로 매일 코코넛 오일을 4테이블 스푼(60ml)씩 먹기 시작하여 섭취 초기에 심장 이상 증상이 50%나 감소하는 효과를 얻기에 이르렀다. 이제는 심장 기능이 거의 정상으로 회복되었다. 코코넛 오일의 효능을 아는 사람들은 위와 같은 사례를 의심없이 사실로 인정하며 놀랄만한 일이 아닌 것으로 여긴다. 자메이카에서는 코코넛 오일이 '헬스 토닉'으로 심장과 정력에 좋다는 민간 처방이 오래 전부터 전해져 내려오고 있다고 한다.

심장 질환과 중풍, 동맥경화는 선진국의 질병 사망률의 절반 이상을 차지하고 있다. 통계적으로 보면 질병 사망자 2명 중에 1명이 심장과 관련된 질병으로 사망하고 있는 것이다.

코코넛 오일을 많이 먹는 사람들은 대조적으로 가장 낮은 심장 질환 사망률을 나타내고 있는데, 그 예가 스리랑카 사람들의 심장 질환에 의한 사망률로 놀랍게도 10만명 당 1명 꼴이었다는 통계로도 사실이 증명되고 있다. 인도에서는 코코넛 오일이 심장병을 유발할 수 있으므로 먹지 말라는 일부 관련업자의 선전으로 그 동안 먹어오던 전통 동물성 지방을 버리고 마아가린과 가공된 식물성 식용유를 먹기 시작하자, 몇 년 사이에 심장 질환 발병률이 3배나 높아졌다고 했다. 명백하게 코코넛 오일이 심장 질환의 원인이 아니라는 사실이 밝혀지자 인도에서는 다시 코코넛 오일을 먹도록 권유하고 있다.

이런 증거들만 보더라도 코코넛 오일은 심장 친화적이라는 것을 알 수 있고 곧 코코넛 오일이 심장병과 싸우는 강력한 무기가 될 것이라는 점을 시사하고 있다.

21) 결론 : 심장병의 원인과 예방 및 치료

　결론적으로 심장병의 원인은 포화 지방이나 동물성 지방이나 콜레스테롤 때문이 아니다. 오히려 현대 식단에 더 많은 요인들이 있음을 밝혀 주고 있다. 즉, 과도한 식물성 기름이나 수소화된 기름의 섭취, 백설탕이나 밀가루 같은 정제 탄수화물의 남용, 마그네슘이나 아이오다인 같은 광물질의 결핍, 혈관 벽의 보전에 필요한 비타민C의 결핍 등 셀레늄이나 비타민E와 같이 프리 래디칼로부터 보호해 주는 항산화제의 부족, 항균 기능을 하는 동물 지방이나 코코넛 오일 등의 섭취 부족[130] 등에 의한 다양한 요인이 문제로 제기되었다.

　결국 한때는 바이러스나 박테리아로부터 몸을 보호하던 물질이 플라그로 나타나 심장병의 원인이 된 것이다. 콜레스테롤 수치로 심장병 발병 징후를 판단하기는 부적합하며 혈액 속의 호모씨스테인 함유 정도가 바로 치명적인 동맥 내의 병리학적인 플라그 형성 및 종국적인 동맥경화와 상관 관계를 더 정확하게 나타내 주고 있다. 폴산, 비타민 B_6, B_{12}, 콜린 등은 호모씨스테인 수치를 낮춰 주는 영양분으로 대부분 동물성 식품에 함유되어 있다.

　음식이나 약을 이용하여 콜레스테롤을 낮추는 것은 심장병의 예방에 도움이 되지 않는다. 심장병을 예방하고 치유하기 위한 가장 좋은 방법은 식생활에서 다음 사항을 지키는 것이 무엇보다 중요하다.
- 비타민 B_6, B_{12}가 많은 동물성 지방 섭취
- 가용 아이오다인을 공급하여 갑상선의 기능을 향상시키는

천일염 사용의 일상화

- 동맥 내벽을 막히게 하거나 동맥 플라그를 형성하는 비타민과 미네랄의 결핍 상태를 피할 것
- 항상 코코넛 오일이나 버터 등 항균 지방이 있는 음식을 먹을 것
- 정제된 탄수화물이 포함된 식품을 피할 것
- 신체에 계속 수선을 요구하는 산화된 콜레스테롤과 프리 래디칼이 함유되어 있는 식물성 기름을 일체 먹지 말 것

이 시대에 식품과 관련된 최대의 비극은 사람들이 코코넛 오일을 포함한 포화 지방을 먹으면 심장병을 일으킨다고 믿는 것이다. 그러나 코코넛 오일은 반대로 심장병 예방을 위해 먹어야 할 가장 적절한 식품이다. 코코넛 오일을 먹으면 발생할 수 있는 심장병을 줄이고 보호할 수 있다.

2. 코코넛 오일과 비만

1) 코코넛 오일을 먹으면 체중이 준다

오늘날 많은 사람들이 뚱뚱해지고 있다. 어느 때보다도 사람들이 과체중이고 비만이다. 최근 수십년 동안 더 비만해지고 특히, 최근 10년 사이에 미국에서는 약 55%가 비만 상태라고 한다. 성인 네 사람 중 한 사람이 비만이고 십대들도 마찬가지이

며, 소아 비만도 날로 늘어가는 추세이다.

지난 해 우리 나라의 한 병원 조사에서도 남아 30%, 여아 25%
가 비만인 것으로 집계되었다. 유럽에서도 지난 30년 동안 비만
어린이의 수는 배로 늘었으며, 다른 선진국의 경우도 사정이 비
슷하다고 한다.

평균 체중에서 20% 이상이면 비만으로 분류된다. 체중이 늘
면서 담낭 질환, 동맥 질환, 당뇨, 심장병, 조기 의문사가 일반화
되어 비만을 상대로 의료 전문가들이 전면전을 벌이는 상황이
다. 따라서 자신의 체중을 얼마나 줄여야 정상을 유지할 수 있
는가를 살피는 것이 가장 실속 있는 판단이라 해도 좋을 것이
다.

현대의 영양학자들이 저지방 음식 섭취가 건강을 위한 것이
고 체중을 줄이는데 도움이 된다는 말은 문제가 있음을 알아야
한다. 지난 수십년 전부터 지금까지 체중을 줄이려면 우선 지방
섭취를 줄여야 한다고 들어왔을 것이다.

이런 대중의 잘못된 인식으로 가장 많은 돈을 버는 쪽은 저지
방 식품 관련업체이다. 이에 대한 미국 질병 센터의 자료를 살
펴볼 필요가 있을 것이다.

- **1999 ~ 2000년** : 20세 이상의 약 5천 9백만 미국 성인 중 체중
  지표(BMI) 기준으로 30수치 이상의 비만으로
  판정된 사람은 전체의 30% 이상.
- **1999 ~ 2000년** : 20세 이상의 전체 미국 성인 중 체중 지표 25이
  상으로 분류되어 과체중 내지 예비 비만으로 판
  정된 사람이 전체의 약 64%.

참고 : BMI는 체중(kg)을 키(m)의 제곱(m^2)으로 나눈 수치이다.
Source : National Health and Nutrition Examination Survey 1999~2000

지난 20년 동안 미국의 비만 인구는 약 두 배로 늘었으며 비만은 심각한 질병 유발 소지를 제공한다. 비만은 당뇨나 심장병, 심근경색, 고혈압, 각종 암 등을 유발시킨다.[131] 결론적으로 저지방 식단은 체중 감소에 전혀 기여하지 못하고 오히려 미국에서는 전체 성인의 64%를 과체중으로 만들었다.

다음은 코코넛 오일 연구로 유명한 미국의 Bruce Fife 박사 본인의 체험담이다.[132]

"몇 년 사이에 허리선이 굵어지고 바지가 작아져서 다이어트를 결심하고 처음에는 살을 뺄 수 있을 것이라는 자신감에 차 있었다. 그래서 지방 섭취와 식사량을 줄여 항상 배고픈 상태를 유지하며 나름대로 건강식을 열심히 먹는다고 생각했다. 모든 포화 지방 음식을 피하고 건강한 오일로 불리는 마아가린과 액체 식물성 식용유를 요리에 사용하였다. 그런데 상황은 더 나빠졌고 위장 상태도 정상이 아니어서 항상 배가 고프고 일에 성취감을 얻을 수 없어 결국 다이어트를 포기하게 되었다. 뭔가 석연치 않아 자료를 더 찾아보니 지금까지 먹어 온 오일이 잘못된 것이고, 코코넛 오일로 대체하면 살이 빠진다는 새로운 사실을 알게 되어 이를 즉시 실천에 옮겼다. 마아가린 대신 버터를 먹었고 당분 섭취를 줄이고 섬유질을 늘렸다. 음식의 양도 줄이지 않았고 코코넛 오일을 먹었으므로 당연히 더 많은 칼로리를 섭취한 것인데 이상한 일이 일어났다. 바지가 점점 헐렁해지더니 허리띠를 줄일 수 있게 된 것이다. 체중에 관심을 두지 않다가 어느 날 재어보니 다이어트를 하지도 않았는데 20파운드(약 9.1 킬로그램)나 빠져 있었다. 나는 충격을 받았다. 체중이 준 것이다. 그래서 작아서 못 입던 옷들을 버린 것을 후회했다. 나는 몇 년째 코코넛 오일을 먹고 있으며 이상적인 체중을 유지하고 있다."

위의 예는 식생활을 통해 건강에 도움을 주지 않는 기름의 섭취를 코코넛 오일로 바꾸었을 때 흔하게 듣는 체험담이다. 많은 사람들이 코코넛 오일을 먹은 후부터 에너지 수위가 높아졌고 탄수화물과 단 것에 대한 식탐도 적어지고 식후에는 만족스러운 포만감을 얘기하고 있다.

2) 옛날에는 어떤 지방을 먹었을까?

지방은 우리 몸에 매우 중요한 영양소이다. 1940년대까지도 지방은 건강에 좋은 식품이라고 한 전문가들의 얘기가 바뀌어서 지금은 건강에 나쁜 것으로 인식되고 있다. 1800년대부터 1940년대까지 서양에서 먹었던 지방은 기본적으로 버터, 계란, 돼지 비계, 우지 같은 고포화 동물성 기름이었다.

우리나라도 식물성 식용유의 등장 이전에는 주로 돼지 기름과 우지가 요리에 많이 쓰였다. 마아가린은 1860년대에 버터 대용으로 영국에서 개발되었는데, 초기에는 주로 돼지 기름이나 우지 등의 동물성 기름과 코코넛이나 팜으로부터 얻은 포화 식물성 지방으로 만들었지만 지금은 쇼트닝을 포함한 식물성 식용유로 만들고 있다.

지금은 옛날과 달리 포화 지방이 많이 들어있는 음식은 가능한 한 먹지 말아야 하는 나쁜 식품으로 인식되어 포화 지방을 멀리 하는 경향이다. 한편 건강에 좋다는 식물성 식용유를 많이 섭취한 결과, 어떠한 건강 문제도 해결하지 못 하였을 뿐만 아니라, 연구 통계는 오히려 만병의 근원인 비만 숫자가 점점 높아지고 있음을 보여준다.

지방질은 대부분 음식 재료에 들어 있으므로 식생활에서 지방을 제거하는 일은 불가능하다. 무엇보다도 지방은 생명 유지에 필수 요소이며 지방 없이는 생존할 수 없다. 네 가지 지용성 비타민(비타민 A, D, E, K)은 모두 지방에 들어 있다. 그래서 음식에서 지방을 제거하면 지용성 비타민을 버리는 것이나 마찬가지다. 또한 지방은 포만감을 주어 음식을 충분히 먹었다는 느낌이 들도록 해주는 중요한 역할을 한다.

지방이 없는 음식이나 저지방 음식을 먹는 사람들은 포만감을 느끼지 못한 나머지 자신도 모르게 탄수화물을 과식하여 그 결과 살이 찔 수밖에 없다. 충분히 먹었는데도 포만감을 느끼지 못하면 계속 먹게 되리라는 것을 쉽게 이해할 수 있을 것이다.

3) 가축을 살찌우는 방법

축산업 종사자들은 가축을 살찌우는데 경제적인 가치를 가장 많이 부여하는 사람들일 것이다. 지방이 건강에 좋다고 여겨지던 시절에는 당연히 가능하면 살찐 돼지를 수확하는 것이 목표였다. 당시 돼지 기름은 요리의 기본 재료였다. 그런데 농부들은 다중 불포화 식물성 지방을 먹고 자란 돼지가 더 많은 지방을 갖는다는 것을 알게 되었다. 이는 바로 식물성 기름에서 볼 수 있는 장사슬 지방산에 의한 동물 체내 반응 결과였다. 지금도 축산업자들은 동물을 살찌우기 위해 콩이나 옥수수 등의 곡물을 주사료로 먹이고 있다. 원래 돼지의 포화 지방은 약 40%

정도였으나 곡물 사료의 급이로 이제는 돼지의 포화 지방도 20%대로 떨어지게 되었다고 한다.[133]

사람들은 요즘 돼지 고기 맛이 옛날만 못하다고 불평하고 있다. 소 역시 장사슬 식물성 식용유를 급이하면 근육 지방에 다중불포화 지방산의 함유량이 늘어난다.[134]

이처럼 지방에 대한 부정적 인식으로 이제 서구에서는 소비자들이 저지방 고기를 찾고 있다고 한다. 그러자 이번에는 축산업자들이 어떻게 하면 지방이 적은 돼지 고기를 만들 수 있을까 고심했는데, 이를 연구한 미국의 한 대학에서 출하 전 돼지에게 다중 불포화 식물성 지방 급식을 중단하고 먹이를 포화 지방으로 바꾸어 지방이 적은 돼지 고기를 생산하였다.[135]

이 연구에서는 돼지들이 잘 먹지 않는 포화 지방인 소기름(우지)을 먹였지만, 요즘 미국의 일부 돼지 사육 농가에서는 같은 목적으로 코코넛 오일을 먹이고 있다고 한다.

동네 가까운 슈퍼나 매장에 진열되어 있는 대부분의 기름은 바로 동물을 살찌우는 다중 불포화 식물성 식용유들이다. 그 중에서 콩기름은 건강에 좋은 식물성 기름이라고 생각하고 있는 제품이다. 하지만 식물성 기름은 축산업계에서 동물을 살찌울 목적으로 사용하고 있는 기름이다.

4) 무차별적인 식물성 식용유 판매 전략

현재의 저지방 음식의 건강 이론은 음식 철학이 유지되는 한, 그리고 거대한 사료 산업계가 이 문제를 외면하는 한 대중 광고 선전을 통한 저지방식의 건강 신화는 계속 될 것이고 이를 따르는 사람들은 날이 갈수록 비만해질 것이다.

여기에 더 나쁜 상황이 있다. 2003년에 미국 다이어트 협회는 '유치원 아동들에게 점심시간 때 콩을 이용한 급식 재료를 늘렸을 때 나타나는 반응'이라는 연구를 발표하였다. 콩을 이용한 급식은 에너지와 단백질, 철분이 많으나 기존 식사는 포화 지방과 비타민A가 더 많으므로 콩 위주의 식사가 맛과 에너지, 그리고 영양적으로 높은 가치가 있으므로 아동들의 점심을 대두식 위주의 식사로 대체하면 좋다는 의도가 그 요지였다. 그래서 포화 지방은 나쁘고 다중 불포화 지방이 건강에 좋다는 왜곡된 주장을 펴기 시작한 이래 대두 가공업계는 어린 유치원 아동들까지도 다중 불포화 지방을 먹게 만들었다. 그런데도 사람들은 끊임없이 질문한다. 왜 요즘 애들은 비만할까?

이 연구에서는 다른 중요한 요소를 배제하고 있다. 이를테면 점심 급식에 얼마나 많은 식물성 호르몬이 함유되어 있으며 아동의 내분비선에 어떠한 손상을 줄 수 있는가에 대한 심각한 검토는 아예 언급조차 되어 있지 않았다고 한다.[136]

미국은 세계 최대의 대두 수출국이다. 그들은 이익을 위해 아동들의 희생까지 요구하고 있다. 진실을 멀리한 체 돈을 위해 무차별적인 마케팅에 혈안이 되어 있는 것이다.

아이들은 한 번 맛에 길들여지면 십중팔구 평생 동안을 헤어나지 못한다. 이렇듯 많은 사람들이 식물성 식용유가 건강에 나쁘다는 사실을 알면서도 선뜻 섭취를 줄이지 못하는 이유다. 코코넛 오일을 먹어도 살이 빠지지 않는다고 불평하는 사람들을 살펴보면 대부분 식물성 식용유와 가공 식품의 섭취를 줄이지 못하고 있었다.

5) 비만이 주는 질병

비만으로 인하여 발생될 수 있는 대표적인 질병을 열거해 보면 다음과 같다.

복부 탈장, 통풍, 고혈압, 하지정맥류, 췌장 질병, 골다공증, 당뇨, 암, 관절염, 동맥경화, 관상동맥, 심장 질병, 기관지 염, 호흡기 이상, 소화 불량, 부인병, 조기 사망 등등

6) 무엇이 살찌게 만드는가?

한마디로 살이 찌는 이유는 기본적으로 필요한 양보다 많이 먹기 때문이다. 먹는 음식은 에너지로 바뀌고 대사 기능과 육체 활동의 힘이 된다. 초과 섭취된 잉여 칼로리는 결국 지방으로 변하여 지방 세포에 축적되어 다리에 울퉁불퉁한 지방주머니를 만들고 허리살을 풍선처럼 만든다. 먹을수록 지방주머니는 자란다.

기초 대사율(Basal metabolic rate=BMR)은 의식이 있는 상태에서 누워 있을 때 사용되는 칼로리를 말한다. 이 상태에서 추가적인 육체 활동을 하면 에너지가 더 필요하게 된다. 사용하는 칼로리의 최소한 2/3는 메타볼리즘(metabolism) 즉 대사의 연료로 사용이 된다.

사람은 각기 서로 다른 대사율을 갖고 있으며 이 대사율은 각자의 신체에 필요한 칼로리와 사용량을 결정한다. 젊고 신체적 활동이 많은 사람일수록 더 많은 칼로리가 필요하고 단식 또는 다이어트, 과체중인 사람들은 근육질인 사람들보다 적은 양의

칼로리를 소비한다. 이렇게 섭취한 음식의 총량과 대사율의 관계가 비만인 사람들에게는 해결하기 힘든 문제이다. 결론은 살을 빼기 위해서는 적게 먹고 대사율을 올리는 운동을 많이 해야 한다는 뜻이다.

체중을 조절하는데 가장 중요한 요인은 빠른 칼로리 소비와 운동이다. 예를 들면 약 70Kg의 체중을 가진 활동이 적은 사무원이라 할 때 기초 대사 에너지로 약 1,600칼로리와 일상 육체 활동을 위해 약 800칼로리 정도의 에너지가 추가로 필요하다고 가정하면, 이 사람은 하루 총 2,400칼로리의 에너지가 필요할 것이다.

이때 체중에 변화가 일어날 수 있는 요인은 두 가지로 만약 하루 2,400칼로리 이상을 섭취하면 추가로 섭취한 칼로리는 체지방으로 전환되어 체중이 늘게 될 것이고 운동을 하면 체지방을 끌어내어 추가로 늘어난 육체 활동에 사용하여 체지방을 줄이게 된다. 그런데 칼로리의 섭취와 소비는 사람에 따라 다르고 활동 정도나 남자냐 여자냐에 따라서도 달라진다. 일반적으로 중간 정도의 육체 활동을 하는 직업은 하루 2,600~2,800칼로리를, 노동을 하는 사람들은 하루 2,800~3,200칼로리의 섭취가 필요하며, 여자는 보통 2,000~2,800칼로리가 필요하다고 한다.

이러한 칼로리 섭취 형태에는 기본 3대 에너지 공급원인 단백질, 탄수화물, 지방이 있다.

문제는 동물성이든 식물성이든, 단백질은 그램(g) 당 4칼로리를, 탄수화물은 4칼로리를, 지방은 9칼로리를 공급한다. 그래서 사람들은 같은 음식물을 섭취하더라도 이론적으로 에너지가 높은 지방 섭취를 줄인다면 체중도 감량할 수 있다고 생각한다.

그러나 현실적으로 음식물에서 모든 지방을 제거하는 일은 불가능하다. 저지방 다이어트로 체중을 줄인 사람들은 다시 체중이 늘며 오히려 다이어트 전보다 체중이 더 느는 경우도 있다.

저지방식으로 체중을 줄이려면 지방 섭취를 극도로 조심하여야 하고 평생 이를 지켜야 바라는 효과를 얻을 수 있어 현실적으로 불가능한 일이다. 무엇보다도 지방은 건강에 필수적인 식품으로서 부족하면 영양 실조에 걸린다. 지용성 비타민 A, D, E, K는 지방에만 있는데, 연구에 의하면 이런 영양소들은 심장병이나 암, 그리고 많은 질병을 예방하는 중요한 물질이라는 것이 밝혀져 있다. 그래서 저지방 다이어트를 하면 쉽게 퇴행성 질환에 걸리고 영양 결핍에 시달리게 된다.

세계적으로 식생활을 선도하고 있는 미국 심장병 협회, 미국 국립 심장, 폐, 혈액 재단 및 기타 단체들은 음식 섭취 가이드 라인으로 하루 필요 열량의 30%를 지방에서, 약 12%는 단백질에서, 나머지는 탄수화물에서 섭취할 것을 권하고 있다. 물론 양심적인 학자들은 이 가이드 라인 자체에도 이견을 갖고 있으며, 무엇보다도 식품 재료와 가공 상태에 대한 조항도 명시할 것을 요구하고 있다.

어쨌든 이 가이드 라인을 따른다고 해도 걱정은 지방을 많이 섭취하면 열량이 많아져 비만해질 수 있다는 것과 지방을 먹지 않으면 필수 지방산이나 지용성 비타민이 결핍된다는 점이다. 그렇다면 다른 지방보다 칼로리가 낮고 체중도 늘지 않으며 건강에도 좋은 지방이 있다면 어떻게 하겠는가?

이와 같은 문제점을 해결해 줄 수 있는 것이 바로 코코넛 오일이다. 방법도 간단해서 현재 섭취하고 있는 지방을 코코넛 오일로 대체하면 된다. 무조건 지방 섭취를 줄이는 것이 건강에 좋다는 견해가 일반적이다. 그러나 좋은 지방만 선택하여 먹으면 체중은 늘어나지 않는다. 포화 지방(코코넛 오일)을 먹고 다중불포화 지방(콩기름, 마아가린 등 가공된 식물성 식용유)을 줄이면 된다.

7) 저지방, 저칼로리 음식

대부분의 사람들은 다이어트를 시작하면 먼저 음식에서 지방 성분을 제거하거나 기피한다. 이유는 지방이 칼로리가 높다는 것과 체지방이 된다는 관념을 갖고 있기 때문이다. 그래서 저칼로리(저탄수화물) 다이어트는 일반적으로 모두 맞는 진리라고 믿고 실행한다. 물론 가공된 탄수화물을 섭취하지 않으면 분명히 지금보다 체중을 줄일 수 있다. 그래서 많은 사람들이 정제된 저칼로리식을 하면서 체중을 줄이려 하지만, 사실은 건강에 필요한 지방이 없으므로 체지방을 성공적으로 줄인 사람은 극히 드물다. 저지방식을 하는 사람들은 아직도 어떤 지방이 좋고 어떤 지방이 나쁜가에 대한 확실한 개념이 없다.

만약 이 상태에서 트랜스 지방산인 수소화 다중 불포화 지방과 같은 잘못된 지방을 먹게 되면 체중이 줄기는커녕 건강에 손상을 입게 된다.

저지방 옹호론자로 유명한 사람은 Nathan Pritikin 박사이다. 처음에 Pritikin 박사는 설탕과 밀가루, 가공 식품을 음식에서 제거하고 신선한 생음식과 가공하지 않은 통밀을 섭취하며 지속적인 운동을 하도록 추천하였다. 하지만 이상하게도 그의 식이 요법 중에서 동물성 지방 섭취를 부정하는 부분이 언론의 집중 화제로 떠올랐다. 관련 업계의 로비에 의한 것이라는 내용을 쉽게 짐작할 수 있는 부분이다.

이와 같은 이론의 집착자들은 체중이 줄고 콜레스테롤 수위와 혈압이 떨어지는 경향이 있음을 발견하였다고 주장하였지만, 곧 Pritikin 박사 자신도 지방이 없는 음식은 건강에 문제가 많다는 것과 어느 누구도 지방이 없는 음식을 섭취한다는 것은 불가능한 일임을 알게 되었다. 지방이 없는 음식만 먹으면 무기력 상태에 놓이거나 집중력 감소, 우울증이 나타나게 되고 오히려 체중이 늘며 미네랄 부족 증상 등으로 인체 내에 다양한 문제가 발생된다.[137] 이어 Pritikin 박사는 무지방 식이 요법의 심각한 문제를 깨닫고 전체 에너지의 10% 정도를 소량의 식물성 지방으로 공급하는 새로운 방식을 소개하였다.

저칼로리식이 비만 해소에 도움이 되지 않는다는 연구도 있다.[138] 오늘날 의사들은 하루에 필요한 약 2400칼로리 중에 지방 섭취는 25%에서 30%로 제한하도록 충고하고 있다.

결국 사람들은 아직도 칼로리 계산을 하며 식물성 지방 섭취를 하면서도 동물 지방을 피하는 것이 건강의 열쇠라고 잘못된 주장을 하고 있다.

8) 단식은 오히려 체지방을 만든다

단식은 체지방을 만든다. 체중 감량을 위해 장기간 단식을 하지만 결국은 중단하기에 이르는데, 처음 몇 주 동안의 노력으로

4~7Kg 정도는 감소하지만, 이는 대부분 몸의 수분이 빠지는 현상이다. 그러나 단식을 끝내고 다시 음식을 대하면 빨리 많이 먹게 된다. 여기서 문제가 발생되는데 이 때 먹는 음식은 단식으로 낮아진 신체의 대사율은 800칼로리가 1,000칼로리와 같은 효과를 낸다는 것이다. 따라서 대사율이 정상이 될 때까지 살이 찐다. 오히려 단식 전보다 더 살이 찌게 되는 경우도 있는데 대사율이 낮아져 있는 상태에서 필요량보다 초과해서 먹으면 체지방으로 바뀜과 동시에 에너지는 천천히 소비하기 때문이다.

잠시 살이 빠진 경험을 한 단식 체험자는 다시 단식을 결심하고 더 혹독한 단식을 실행에 옮기지만, 역시 참을 수 없어 다시 먹기 시작한다. 반복되는 단식으로 결국에는 고생만 하고 몸을 혹사시킨 후에야 단식으로는 체중 감량에 성공할 수가 없다는 결론에 이른다.

음식을 잘 선택하여 먹고 규칙적인 운동을 함으로써 체중을 줄일 수가 있다. 그러므로 단식만으로 감량에 성공한다는 것은 거의 불가능하며, 생활 습관을 바꾸어야 목적에 도달할 수 있다는 교훈을 얻는다.

9) 왜 코코넛 오일을 먹으면 체지방이 늘지 않는가?

모든 지방은 소 기름이든 옥수수 기름이든 또는 포화 지방이건 다중 불포화 지방이건 총 열량은 비슷하다. 그러나 코코넛 오일의 중사슬 지방산은 다른 지방에 비해 열량이 낮다. 코코넛 오일을 구성하고 있는 중사슬 지방산은 분자 구조가 작아 열량이 더 낮다.

예를 들어 코코넛 오일에서 추출한 중사슬 지방산인 카프리산(capric acid C : 10) 25%와 카프릴산(caprylic acid C : 8) 75%를 혼합하면 칼로리는 그램당 6.8칼로리(6.8kcal/g) 밖에 안 된다. 다른 오일 9칼로리(9kcal/g)와는 차이가 많다. 코코넛 오일은 다른 식물성 식용유의 주성분인 장사슬 지방산보다 열량이 적어 그램당 약 8.6칼로리(8.6kcal/g)이다. 이 적은 양의 칼로리 차이가 별 의미가 없어 보이겠지만, 코코넛 오일은 신체 내에서 다른 지방과는 다른 방식으로 소화되고 이용되어 오히려 탄수화물 칼로리와 비슷한 정도의 대사 효과를 보인다.

지방을 섭취하면 각종 지방산으로 분해된 다음 지질 단백질(Lipoproteins)이라고 불리는 지방과 단백질 덩어리로 재포장된다. 이 지질 단백질은 혈액으로 보내지고 순환을 거쳐 지방 세포에 축적된다. 탄수화물이나 단백질은 곧바로 분해되어 에너지나 조직 형성에 사용된다.

다만 너무 많아 쓰고 남은 탄수화물이나 단백질은 지방으로 바뀌어 보관된다. 음식을 많이 먹으면 지방은 조직에 체지방으로 남는다. 섭취 음식이 모자랄 때만 체지방을 분해하여 다시 에너지로 사용한다.

중사슬 지방산은 장사슬 지방산과는 다른 방식으로 사용된다. 이들은 지질 단백질 형태로 바뀌지 않고 다른 지방들처럼 혈액을 순환시키지도 않고 바로 간으로 보내져 탄수화물처럼 에너지로 전환된다.

중사슬 지방산의 또 다른 큰 장점은 일반 순환 체계를 거치지 않아 탄수화물과는 달리 혈당을 높이지 않는다는 점이다. 그래서 코코넛 오일은 당뇨에도 안전하다. 많은 사람들이 코코넛 오일을 먹으면 단 것에 대한 식탐이 줄어들고 저혈당 증세가 감소된다고 설명한다.

이렇게 코코넛 오일을 먹으면 신체는 이를 체지방으로 보관하기 보다는 에너지로 사용하며, 그래서 코코넛 오일을 다른 지방과는 달리 많이 먹을수록 체지방은 줄어드는 특성이 있다.[139]

많은 사람들과 동물에 대한 과학적 연구가 이 사실을 증명하고 있다. 이렇게 간단하게 체중을 조절하고 체지방을 줄이기 위해서 할 수 있는 가장 효과적인 방법은 바로 식물성 지방산들의 주성분인 장사슬 지방산의 섭취를 코코넛 오일로 대체하면 해결할 수 있다는 것이다.

10) 중사슬 지방산을 이용한 체지방 감량 연구

많은 연구에 의해 중사슬 지방산이 체중을 줄인다는 것이 확인되고 있다. 한 연구에서는 쥐에게 주로 불포화 식물성 지방인 장사슬 지방산을 먹였더니 체지방이 축적되었으나 중사슬 지방산을 먹였더니 체지방이 줄고 인슐린 반응도와 당(glucose) 내성이 향상되었다는 결과를 보고하고 있다(2003년 Obesity Research).

2003년 3월에는 같은 연구에서 중사슬 지방산이 에너지 소비를 늘이고 과체중인 남성들의 과지방을 감소시켜 중사슬 지방산이 장사슬 지방산보다 간에서의 연소가 빨라 더 많은 에너지를 만들고 체지방 축적을 줄였다고 발표하였다.

또한 중사슬 지방산이 에너지 소비를 촉진시키고 빠르게 포만감을 느끼게 함으로서 장사슬 지방 음식을 중사슬 지방 음식으로 대체할 경우, 체중 조절이 가능하다는 결론도 얻었다. 이외에도 열량 발생과 중사슬 지방산의 관계를 증명하는 과학 논문은 많다.

연구에 의하면 코코넛 오일의 중사슬 지방산은 쉽게 체내 축적이 되지 않으며, 더 큰 지방 분자 구조를 만들지도 않는다는 것도 밝히고 있다. 한 동물 연구에서 고장사슬 지방, 고중사슬 지방, 그리고 저지방 세 종류를 44일 동안 급이 하였는데, 저지방을 먹은 동물들은 하루에 0.47그램, 장사슬 지방산 그룹은 0.48그램, 중사슬 그룹은 0.19그램의 지방을 체내에 축적한다는 결과를 얻었다. 즉 중사슬 급이 집단이 다른 집단보다 지방 축적율이 60%나 적게 나온 것이다.[140] 그러므로 저지방에서 중사슬 지방 음식으로 바꾸면 체지방이 감소된다는 사실을 알 수 있다. 이 연구가 보여주는 바와 같이 첫째, 저지방에서 중사슬지방으로 음식을 바꾸면 우선 체내에 축적될 수 있는 지방의 양이 감소된다는 것과 둘째, 중사슬 지방을 먹으면 저지방을 먹는 것보다 축적된 체지방을 줄이는데 효과가 있음을 보여 준다.

11) 대사율과 비만

어떤 사람은 많이 먹어도 살이 안찌나 조금만 먹어도 체중이 느는 사람이 있다. 그 이유는 서로 대사율이 다르기 때문이다. 살이 안찌는 사람은 같은 양의 운동을 해도 더 많은 칼로리를 소비한다. 그래서 많이 먹더라도 대사율이 높으면 살이 찌지 않는다. 이때 대사율을 높이는 가장 좋은 방법은 운동이다. 운동을 하면 대사율이 높아지고 높아진 대사율은 한동안 운동을 멈춰도 그대로 유지된다. 날씬한 세포는 비만한 세포보다 더 많은 에너지를 소비한다.

대사율은 먹는 음식에도 좌우된다. 단식을 하면 대사율이 느려지고 에너지의 소비도 줄어 체력이 약해진다. 단식이나 저칼로리 식사는 모두 칼로리를 적게 섭취함에 따라 대사율이 떨어져 항상 배가 고프고 힘이 없게 만든다. 그러나 체중을 줄이려는 사람들은 더 적게 먹어야 한다는 강박 관념에 일상 활동에 필요한 에너지 소비량보다 적게 먹음으로서 결국은 굶주림에 시달린다. 그래서 과체중인 경우 매일 소비하는 양만큼의 에너지에 맞추어 섭취한다 하더라도 체중은 조금도 줄지 않는다. 다만 체중이 현상 유지될 뿐이다.

그러므로 체지방을 빼기 위해서는 거의 굶거나 운동량을 많이 늘려야 한다. 운동은 신체 대사율을 정상으로 만들거나 높여주며 신체는 더 많은 칼로리를 소비하게 되므로 적게 먹고 운동을 많이 하는 것이 체중을 줄이는데 도움이 된다.

12) 코코넛 오일의 대사율 증강

음식의 섭취는 대사율에 관여하고 모든 세포는 소화와 이화작용을 위해 활동을 더 왕성하게 늘린다. 이 현상은 음식을 먹으면 온몸이 따뜻해지는 것으로 알 수 있다. 세포 활동이 왕성해져서 많은 열이 발생하는데 이 과정에서 약 10%의 에너지가 사용된다고 한다. 음식의 종류에 따라서 열 발생의 정도가 다소 달라진다.

육류처럼 단백질이 많은 식품은 열 발생을 증가시키고 에너지를 증강시키는 역할을 한다. 그러나 이는 적당히 먹었을 때이고 과식을 하면 긴 소화 과정으로 인한 부담을 주어 에너지를 빼앗기게 되므로 오히려 피곤함을 느낀다. 바로 이것이 과식하면 나타나는 식곤증이다.

단백질은 탄수화물보다 열 생산 효율이 높다. 육식에서 채식으로 식습관을 바꾸면 힘이 떨어지고 고단백식을 하면 체중이 줄어드는 이유이다. 단백질보다 더 대사율을 높여 주는 것이 바로 코코넛 오일이다. 중사슬 지방산은 신진 대사를 높여주고 더 많은 칼로리를 태우게 한다. 중사슬 지방산이 대사율을 높여주므로 코코넛 오일은 실제로 체중을 줄이는 지방인 것이다.

지방을 먹으면서 체중을 줄인다면 이상한 얘기처럼 들리겠지만, 이는 많은 연구에서 확인된 결과로 중사슬 지방산은 몸에서 필요한 부분에 쓰이고 남는 지방도 체지방이 되지 않는다는 것이다.

중사슬 지방산은 쉽게 흡수되어 빨리 연소하므로 대사의 연료로 증가된 대사율은 축적된 장사슬 지방산까지도 연소를 시킨다. 영양과 건강 식품 연구로 널리 알려진 Julian Whitaker 박사는 장사슬 지방과 중사슬 지방 간의 관계를 다음과 같이 설명하였다.

'장사슬 지방은 장작불을 피울 때 젖은 나무를 사용하는 것과 같아서 불꽃이 약하나 중사슬 지방은 휘발유에 적신 신문지를 태우는 것과 같다. 이 신문지는 잘 탈 뿐만 아니라 젖은 장작도 잘 타게 만든다(Murray,1996).'

다른 연구들도 이런 Whitaker 박사의 주장을 증명한다. 한 연구에서는 고칼로리 식사의 지방 연소를 보기 위해 40%의 중사슬 지방산과 40%의 장사슬 지방산을 사용하여 그 결과를 비교해 보았다. 중사슬 지방산은 장사슬 지방산에 비해 두 배나 열 생산이 높아 각각 120칼로리 대 66칼로리 생산이라는 결과가 나타났다.

이 연구의 결론에서 연구자는 중사슬 지방산은 체지방으로 축적되지 않는 경향이 강하고 완전 연소를 관찰했으며, 그 다음의 추가 연구에서도 중사슬 지방산이 6일 동안 약 50%의 지방 연소 효과를 증가시켰다는 것을 밝혔다.[141]

인체 연구자들이 400칼로리 정도의 장사슬과 중사슬 지방을 각각 급식시킨 후 6시간 동안의 대사율을 조사 관찰하여 보았다. 결과는 중사슬 지방 음식을 섭취한 쪽이 대사율에서 12% 증가를 보였고, 장사슬 쪽은 4%의 증가율을 보임으로서 연구자는 장기적인 중사슬 지방 음식의 섭취가 체지방 감소를 가져온다는 사실을 밝혔다.[142]

에너지 소비(신체에 의해 사용된 칼로리 총량)를 측정하여 신진 대사의 변화를 평가하는 방법도 있다. 대사율이 높아질수록 더 많은 칼로리가 연소된다.

한 연구에서 에너지 소비량을 알아보기 위해 지원자들에게 중사슬 지방산이 들어 있는 음식을 섭취 시킨 후 그 결과를 관찰하였다. 정상적 체중을 유지하고 있는 피실험자들에게 나타난 에너지 소비량은 약 48% 증가하였다. 이것은 그들의 신진 대사가 보통 때보다 48% 증가된 칼로리를 연소시켰다는 뜻이다. 이에 비해 비만인 실험 대상자는 놀랍게도 칼로리 연소가 65%나 증가하였다. 그 결과 비만 정도가 심할수록 코코넛 오일은 더 많은 칼로리를 태운다는 결론이 나왔다.

지방 연소, 칼로리 연소 효과는 식후 1~2시간만 지속되는 것

이 아니라, 최소 24시간 동안 그 대사 효율이 유지된다는 것도 증명되었다.[143]

그러므로 코코넛 오일이 함유된 식품을 먹으면 대사율이 증가하고 최소 24시간 효율을 높여 이 시간 동안에는 더 높은 에너지 수위를 유지할 수 있으며 가속된 속도로 칼로리를 태운다.

캐나다 맥길 대학의 연구자들은 장사슬 지방인 콩 기름, 카놀라 오일, 잇꽃 오일 등과 같은 기름을 중사슬 지방산이 함유된 코코넛 오일로 대체하여 섭취하면 연간 약 17Kg 이상의 초과 체지방을 감소시킨다고 발표하였다.[144]

이것은 섭취한 음식의 칼로리 양을 줄이거나 음식을 바꾸지 않고 얻은 결과였다. 그러므로 체중을 줄이기 위한 조치는 섭취하는 기름의 종류만 바꾸면 된다는 것이다.

결론적으로 코코넛 오일을 음식에 첨가하는 것 만으로도 체지방의 축적을 줄일 수가 있다. 그러나 명심해야 할 것은 코코넛 오일이 대사율을 높이고 오래 유지하여 준다 해도 과식을 하면 체중이 는다는 점에 유의해야 한다. 항상 과식이 아닌 적정량의 음식을 먹어야 한다는 것을 명심해 둘 일이다.

13) 에너지 증강과 신체 자극 효과

중사슬 지방산이 함유된 음식을 먹는 것은 자동차에 고옥탄가 연료를 사용하는 것과 같다. 이런 차는 부드럽게 잘 달리고 연료 효율이 높다. 중사슬 지방산도 마찬가지로 섭취하면 많은 에너지를 지속시킨다. 왜냐 하면 중사슬 지방산은 직접 간으로 보내져서 빠르게 에너지로 전환됨과 동시에 많은 에너지를 생산하는 세포 기관에 원활히 흡수되어 신진 대사가 증가한다. 이렇듯 증강된 에너지는 신체 전체를 자극하는 효과가 있다.

중사슬 지방산이 소화되자마자 빠르게 에너지를 생산하면서 신진 대사를 높인다는 것은 운동 선수들이 이를 즐겨먹는 것으로도 알 수 있다.

한 연구에서 약 6주간에 걸쳐 중사슬 지방산을 투여한 쥐와 그렇지 않은 쥐의 지구력을 비교하기 위해 매일 수영할 수 있는 능력을 시험하였다. 물통에 쥐를 넣고 계속 물을 흐르게 한 다음 지쳐서 수영할 수 없을 때까지의 수영 시간을 측정하여 본 결과 첫날에는 양쪽이 별로 차이를 보이지 않았지만, 수영 시간이 길어질수록 중사슬 지방산을 급이한 쥐가 더 오래 적응한다는 사실을 입증했다. 중사슬 지방산이 쥐의 활동에 따른 지구력에 중대한 영향을 준다는 사실이 관찰된 것이다.[145]

사람을 대상으로 한 실험에서도 같은 결과가 나왔다. 한 실험에서 운동 선수를 두 시간 동안 최대한의 속도로 자전거 페달을 밟도록 하였다. 그와 동시 세 가지 종류의 음료수 즉, 중사슬 지방산 용액과 장사슬 지방산 용액, 스포츠 음료를 마시도록 한 후 약 40킬로미터(약 1시간 거리)를 더 달리게 하였다. 결과는 스포츠 음료, 중사슬 지방산을 마신 쪽이 결과가 가장 좋았다.

연구자는 사이클 선수에게 중사슬 지방산이 추가적인 에너지를 공급하였음을, 글리코겐도 더 많이 축적되었다고 발표하였다.[146] 글리코겐은 근육 조직에 남아 활성 에너지로 3시간 가량 자전거를 타면 모두 소진된다.

무엇보다도 근육에 글리코겐이 많을수록 운동 선수의 지구력은 높아진다. 따라서 어떤 물질이든 에너지를 공급하면서 근육에 글리코겐을 유지시킬 수 있으면 운동 선수의 지구력 향상에 도움이 된다.

그 다음 연구에서는 약 60%의 힘으로 3시간 동안 페달을 밟으면서 세 가지 음료수 중 한 가지를 마시게 하였다. 그런 다음 모든 선수에게 남아 있는 글리코겐 양을 측정하였다. 결론은 중사슬 지방산 용액을 마신 선수는 글리코겐이 소진되지 않아 계속 운동을 할 수 있음은 글리코겐이 다른 기능에 의해 남아 있었다는 것을 증명한 셈이다.

이와 같은 연구 결과를 근거로 최상의 에너지를 공급하기 위하여 스포츠 드링크가 개발되었다. 중사슬 지방산을 오일 형태로 함유시킨 것이다. 중사슬 지방산이 함유된 유아식이나 식품 등에 'MCT'라고 표기하여 일반 제품과 구별한다.

이렇게 운동 능력을 높이기 위해 중사슬 지방산이 식품으로서 실생활에 이용되고 있으나 많은 연구들에 의하면 운동 전후 단 한 번의 중사슬 지방산 섭취로는 효과가 없음을 입증하고 가장 좋은 방법은 매일 중사슬 지방산을 적당량 섭취해야 도움을 받을 수 있다고 한다.

운동 선수들은 지구력이 중요하다. 그러나 보통 사람들은 어떨까? 또 절대로 먹어서는 안 되는 음식, 단식을 하고 있거나 에너지가 낮은 음식물을 먹어야 하는 사람은 어떨까? 결론은 중사슬 지방산은 정기적으로 먹는다면 똑같은 효과를 얻을 수 있다는 것이다. 그러므로 매일 에너지가 높은 상태를 유지하고자 한다면 식욕을 느낄 때마다 코코넛 오일을 함께 섭취하면 많은 도움이 될 것이다.

코코넛 오일에서 얻은 증강된 에너지는 카페인의 효과와는 다르다. 코코넛 오일의 효과는 더 민감하고 오래 유지된다. 앞에서 언급했듯이 대사율이 높고 최소 24시간 지속된다. 이 시간 동안은 더 높은 에너지 수위와 지구력을 유지함을 많은 연구로 입증하였다.

또한 코코넛 오일은 에너지를 높이는 이외에도 중요한 추가적인 장점이 있다. 바로 각종 질병 예방과 빠른 치유 효과이다. 대사율이 높아지면 세포도 그 기능이 좋아진다는 사실이다. 그래서 상처가 빨리 치유되고 늙고 오래된 세포를 젊고 신선한 세포로 바꾸게 되며 면역력을 높인다.

비만이나 심장병, 골다공증 등은 대개 대사율이 낮은 사람에게서 많이 나타난다. 정상보다 대사율이 낮아지면 세포가 빠르게 재생되거나 치료될 수 없어 건강 상태가 더 나빠진다. 따라서 대사율을 높이는 것은 퇴행성 질환과 감염성 질환 모두에 보호 작용을 하게 된다.

14) 코코넛 오일을 먹으면 누구나 체중을 줄일 수 있는가?

체중이 줄지 않았다는 보고도 있다. 어떤 사람은 코코넛 오일을 추가로 먹고 체중이 준 경우도 있었지만, 대부분은 코코넛 오일을 먹으면서 다른 식물성 기름의 섭취를 줄였더니 체중이 줄었다는 보고가 많다. 피임약을 복용하는 여성들은 코코넛 오일을 먹어도 살이 빠지지 않는다는 보고도 있다. 그러나 많은 사람들이 코코넛 오일을 먹은 후 옷이 불편하지 않고 잘 맞게 되었다고 얘기하고 있다. 지방을 빼면서 근육을 만드는 사람들에게도 코코넛 오일은 도움을 준다.

15) 결 론

코코넛 오일은 자연 물질 중에서 가장 많은 중사슬 지방산을 함유하고 있다. 현재 사용하고 있는 식용유의 섭취를 코코넛 오일로 바꾸면 살을 빼는데 도움이 된다.

실제로 정제된 식물성 식용유는 칼로리 요인 보다 대사를 조절하는 갑상선의 기능이 나빠져 살이 찌게 된다. 다중 불포화 지방들은 갑상선 기능을 억제하여 대사율을 저하시킨다. 콩기름 같은 다중 불포화 지방은 우지나 돼지 기름보다도 더 체중을 증가시킨다. 내분비 전문가이며 호르몬 분야의 권위자인 Ray Peat 박사도 불포화 식용유는 갑상선 호르몬 분비를 막는다고 밝히고 있다. 갑상선 호르몬이 적어지면 대사율도 떨어진다. 다중 불포화 지방은 필연적으로 중사슬 지방에 비해 체중을 늘린다. 축산업자들이 돼지를 살찌우기 위해 코코넛 오일을 먹인 결과 오히려 돼지의 체중이 준 것을 경험했다. 동물들도 콩과 옥수수를 주면 더 빨리 살이 찌는 것과 같은 맥락이다.

어쨌든 다중 불포화 지방들은 갑상선 기능을 억제하여 대사율을 떨어뜨리고 체중을 늘린다. 더구나 콩에는 고이트로겐이라는 갑상선 기능 억제 물질이 들어 있어 조금만 먹어도 살이 찐다. 이외에도 씨앗에는 다른 천연 독성 물질을 함유하고 있으므로 유전자 조작이나 살충제, 화학 비료 성분들이 잔류되어 있을 가능성이 높아 먹으면 건강에 해가 된다.

그러므로 선조들이 수 백년, 수 천년 전부터 사용해 온 지방 식품을 먹으면 안전할 것이다. 전통 방식으로 사육된 동물의 고기와 유제품, 계란에는 포화 지방이 많이 들어 있고 열대의 코코넛 오일은 자연의 신비로 사람의 모유와 같은 중사슬 지방산을 갖고 있어 대사를 좋게 하며 체중도 줄여 준다.[147]

많은 연구자들은 코코넛 오일에 함유된 지방산 사슬의 길이가 체중이 줄어드는 매커니즘의 해답과 관련이 있음을 밝혀 냈다. 코코넛 오일은 풍부한 중사슬 지방산을 함유하고 있으므로 다른 식물성 기름에서 발견되는 장사슬 지방산과는 다르다. 장사슬 지방산은 체내에 축적되나 중사슬 지방산은 체내에서 빠르게 에너지로 전환되어 소비된다.

코코넛 오일은 자연 식품 중에서 가장 많은 중사슬 지방산을 갖고 있으며 대사를 증강시키고 체중을 줄여주는 역할을 한다. 중사슬 지방산은 생리 작용에 의한 열 발생을 촉진시키며 신체 신진 대사를 원활하게 하여 에너지를 생산하며 각종 항균 작용을 한다. 간단하게 다중 불포화 식물성 식용유의 섭취를 코코넛 오일로 대체하면 비만뿐만 아니라 건강 증진 효과를 경험하게 될 것이다.

3. 코코넛 오일과 당뇨

1) 당뇨의 원인과 형태

100년 전만 해도 당뇨라는 질병은 존재하지 않았다. 그러나 생활 습관과 음식 문화가 다양하게 변화되어 현재 미국에서는 전체 인구의 45%가 당뇨 또는 당뇨병으로 발전될 소지를 갖고 있고, 질환으로 6대 사망 원인에까지 이르렀다. 당뇨는 신장병, 심장병, 고혈압, 중풍, 백내장, 신경 손상, 청력 상실, 실명 등의 원인이 되고 있을 정도로 위험한 성인병이다.

신체 조직은 지속적인 에너지 대사를 위해 당분, 즉 글루코스(glucose)의 공급을 받아야 한다. 세포는 성장과 수선을 위한 모든 과정의 원동력을 글루코스에서 얻고 있다. 그러므로 소화 체계는 대부분의 음식물을 글루코스로 전환시켜 혈액 속으로 흘려보내고 췌장에서 분비된 인슐린 호르몬은 혈액과 기관의 글루코스를 에너지로 사용할 수 있도록 세포 안으로 옮기는 역할을 한다.

적정량의 글루코스를 공급 받지 못하면 세포는 결국 영양 실조로 죽게 되고 조직과 장기들도 손상 된다.

당뇨에는 두 가지 형태가 있는데, 제1형은 선천적으로 췌장에서 인슐린을 공급하지 못해 어릴 때부터 시작되며, 제2형은 차츰 나이가 들면서 발생하여 췌장에서는 정상적으로 인슐린이 분비되지만 세포가 이를 흡수하지 못하여 발생한다.

인슐린은 열쇠와 같아서 세포들이 글루코스를 받아들일 수 있도록 문을 열어주는 역할을 하는데, 이때 자물쇠 즉, 세포가 고장이 나 있으면 열쇠를 사용하여도 열 수 없는 상태가 된다. 이것이 바로 제2형 당뇨이다. 이 두 가지 유형의 당뇨는 혈중의 글루코스는 올라가 있지만 세포들은 이를 이용하지 못하여 나타나는 현상이다.

제1형은 세포에 필요한 인슐린을 충분히 생산하지 못하므로 치료법으로 저당 식품을 섭취시키면서 인슐린을 주사한다. 그러나 약 90% 이상의 당뇨는 제2형으로 이중 약 85%의 환자는 대개 과체중이다. 과체중은 제2형 당뇨가 원인이므로 음식 섭취와 조절이 중요하다. 적절한 음식 조절로 어느 정도는 당뇨를 방지할 수 있다.

2) 코코넛 오일과 당뇨

열대 지방에서 전통식을 하는 원주민은 당뇨가 없었지만, 서구화된 현대 음식으로 식생활을 바꾸면서 두 가지 유형의 당뇨가 나타나기 시작했다는 보고가 있다.

남태평양의 나우루섬 주민들은 몇 세기 동안 바나나와 얌, 코코넛을 주식으로 먹어왔는데, 그 동안 당뇨라는 병은 전혀 없었다고 한다. 그러나 이 섬의 인광석 개발이 시작하면서 주민들은 기존의 식생활을 정제된 밀가루나 설탕, 가공된 식물성 식용유로 바꾸었다. 그 후 이전에 전혀 볼 수 없었던 당뇨가 나타나게 되었고, 세계 보건 기구(WHO) 자료에 의하면 이 섬의 30세에서 64세까지의 주민 중 절반 이상이 당뇨병을 앓게 되었다고 보고하고 있다.

의사들은 당뇨 환자들에게 총 필요 열량의 30%만 지방으로 충당시키고 복합 탄수화물인 가공하지 않은 통곡물과 채소로 나머지 50~60%의 열량을 공급시킨다. 단순 탄수화물인 정제된 밀가루나 설탕 등은 췌장의 기능을 저하시키며 혈당을 급격히 위험한 수치까지 올리므로 섭취를 제한시키고 있다.

또한 비만이 당뇨의 주범이므로 체중 감량 운동을 치료와 함께 적극 권장한다. 한편 음식에서 지방과 당분을 제거하여 비만의 원인을 줄여 당뇨의 일반적 합병증인 심장병의 위험을 예방하기 위해 저지방식을 시킨다. 그러나 의사들이 환자에게 저지방식을 권장하는 가장 중요한 이유는 당뇨를 촉진하고 원인이될 수 있는 특정 지방, 즉 산화된 지방이나 트랜스 지방산의 섭취를 제한하기 위한 조치이다.

과학자들은 정제된 식물성 기름의 과소비가 당뇨의 원인이 된다는 사실을 이미 알고 있었다. 1920년대에 S. Sweeney 박사가 건강한 학생들을 대상으로 식물성 고지방 함유 식품 섭취가 당뇨의 원인임을 밝혔다. 또한 동물 실험에서도 다중 불포화 식물성 지방이 당뇨의 원인이 된다는 사실을 입증하였다.

인도 의학 협회에서도 전통 기름의 섭취가 심장 친화적이라고 광고하는 다중 불포화 지방으로 바꾸고 난 후 제2형 당뇨가 급증하였음을 보고하고 있으며, 당뇨 예방을 위해 다중 불포화 지방을 코코넛 오일로 바꿔 섭취하라고 권고하고 있다.

현재 의사들은 당뇨 환자에게는 모든 지방의 섭취를 제한하도록 권고하고 있으며 올리브 오일을 포함한 단일 불포화 지방도 칼로리가 높아서 섭취를 권고하지 않을 정도다. 포화 지방인 경우도 심장병을 유발한다며 섭취를 제한하고 있다.

그러나 지방 중에서도 당뇨를 유발시키는 가장 중요한 원인은 다중 불포화 지방으로 이를 섭취하면 세포의 인슐린 결합력을 감소시켜 글루코스를 공급 받지 못하게 된다. 많은 다중 불포화 지방의 섭취는 세포가 글루코스를 공급 받지 못하게 만들 뿐만 아니라 쉽게 산패하여 프리 래디칼을 형성하여 손상을 초래한다.

다중 불포화 지방을 포함한 모든 지방은 세포벽의 구조물로 사용되는데 세포 벽에서 산화된 다중 불포화 지방은 호르몬이나 글루코스 및 다른 물질들을 세포 내로 이동시키는 기능에 악영향을 미친다. 이런 이유로 정제된 식물성 다중 불포화 지방은 당뇨를 촉진하게 되는 요인이다.

그러나 당뇨 환자가 걱정없이 먹을 수 있는 지방이 한 가지 있다. 그것은 코코넛 오일이다. 코코넛 오일은 당뇨에 좋을 뿐만 아니라 혈당을 조절하고 부작용도 줄인다.

코코넛 오일은 췌장의 효소 생산 부담을 줄여 주며 다른 효소나 인슐린 없이도 쉽게 흡수되어 세포에 에너지를 공급한다.[148]

또한 중사슬 지방산은 인슐린의 작용없이 세포에 영양을 공급해 줄 뿐만 아니라 인슐린 분비와 반응 및 글루코스 내성에까지 도움을 준다.[149, 150]

당뇨의 또다른 특징은 체력이 저하되는 증상이다. 이것은 필요한 글루코스를 세포가 공급 받지 못해서 나타나는 현상으로 세포 대사가 에너지 부족으로 활력을 잃는다. 환자의 혈당을 조절하기 위해서 의사들은 보통 운동을 권유하는데, 이 운동 요법도 대사율을 증진시키기 위함이다. 빠른 신진 대사는 인체에 필요한 인슐린 생산을 촉진시켜 세포 내로 흡수량을 증가시키며 선천, 후천 유형의 당뇨 치료를 돕는다. 대사율 향상의 장점은 더 많은 에너지를 소비하게 만드는데 코코넛 오일을 먹으면 실제로 살이 빠진다.

만약 당뇨병 환자이거나 초기 징후가 나타나기 시작했다면, 모든 지방의 섭취는 피해야 하지만 코코넛 오일은 오히려 당뇨 치료에 도움을 준다. 코코넛 오일은 혈중 글루코스를 안정시키고 체중을 줄인다. 또한 지방 중에서 당뇨 환자가 안심하고 먹을 수 있는 유일한 식물성 지방이다.

4. 고혈압과 코코넛 오일

1) 식물성 식용유와 고혈압

혈액이 흐르는 힘이 동맥 벽에 전달되어 나타나는 현상이 혈압이다. 심장이 박동할 때마다 혈액을 펌프질 하는데, 고혈압은 전조 증상없이 갑자기 나타나므로 '침묵의 살인자'라 표현한다. 그리고 심장이나 뇌, 신장 등에 문제가 나타나기 전까지는 자신이 고혈압이라는 사실을 잘 모르는 사람이 많다. 고혈압은 심장에 부담을 주고 과부하가 걸리면 정상적인 수축 작용을 못하게 된다. 또한 고혈압이 동맥 내벽에 손상을 주면 만성 염증이나 동맥경화로도 발전되며 심장병이나 뇌졸중의 원인이 된다.

만성 고혈압은 심장 질환을 일으키며 가장 유력한 원인이 된다. 혈압에 영향을 주는 요소는 많다. 이 중에서 다중 불포화 지방의 예를 들어보자.

다중 불포화 식물성 지방의 주요 성분은 주로 오메가-6과 오메가-3 지방산으로 체내에서 신체에 여러 가지 영향을 주는 물질인 프로스타글란딘(prostaglandin)으로 전환되는 특성을 가지고 있다.

　오메가-6 지방산은 콩, 옥수수, 잇꽃 기름 등 모든 식물성 식용유의 주성분이며, 이런 식용유를 섭취하면 체내에서 프로스타글란딘으로 전환되어 혈관을 수축시켜 염증 반응이 증가하면서 혈소판의 점도를 높인다. 이런 현상은 모두 혈압을 높이고 동맥경화를 촉진하는 요인이 된다.

　반면 오메가-3 지방산은 아마씨 기름이나 생선 기름에 많이 함유되어 있고 오메가-6 지방산과는 반대 작용을 하여 혈관을 확장시키고 염증 반응과 혈소판의 점착율을 줄여 혈압을 낮추는 심장 친화적인 지방산이다.

　하지만 문제점은 모든 식물성 기름과 마아가린, 쇼트닝, 냉동식품과 과자류, 인스턴트 식품에는 오메가-6 지방산이 주성분인 오일이 들어 있고 오메가-3 지방산은 거의 없다는 것이다. 오메가-6 지방산은 고혈압을 유발시키는 지방산이다.

　오메가-3 지방산이 오메가-6 지방산의 나쁜 작용을 적절히 조절해 줄 수 있지만, 부작용도 따른다. 이 오메가-3 지방산은 빛과 열, 산소의 영향을 받아 쉽게 산화되며 독성이 있는 부산물을 만들기 때문에 잘못 먹으면 오메가-6 지방산에 의한 해악보다 건강에 더 부정적인 결과가 초래될 수 있다는 점이다. 식물성 식용유는 가공 과정에서 이미 열과 빛, 산소에 노출되는 공정을 거치므로 일반 식물성 식용유에 들어 있는 오메가-3 지방산은 이미 산패한 것으로 보아야 한다. 그러므로 일반 식물성 식용유는 열을 가하는 요리에 사용해서는 안 되며 사용한 오일은 즉시 폐기 처분하고 구매 후 몇 주 이상 시간이 경과하면 버리는 것이 좋다고 권고하고 있다.

결과적으로 매일 먹는 식용유의 오메가-6 지방산과 오메가-3 지방산의 섭취 균형을 맞출 수가 없어 혈압에 나쁜 영향을 주게 되므로 이를 예방하기 위해 많은 사람들이 오메가-3 지방산을 보조 식품에서 추가로 섭취하고 있는 실정이다.

중사슬 지방산이 주성분인 코코넛 오일은 고혈압을 일으키는 오메가-6 지방산처럼 프로스타글란딘으로 전환이 되지 않으며 오메가-3 지방산과 같은 효과도 없어 신체에 지방산 균형을 잡아줄 요인이 없다. 그러므로 코코넛 오일을 음식에 사용하면 그만큼 오메가-6 지방산의 섭취를 줄이게 되어 그 해악을 차단할 수 있다. 코코넛 오일은 열에 강하고 산패가 잘 되지 않으므로 열을 가하는 요리에도 적합하다.

위에서 설명한 바와 같이 코코넛 오일을 섭취하면 혈압이 높아질 것이라고 주장하는 사람들의 논란이 잘못임을 입증할 수 있으며 실제로 많은 사람들이 식물성 식용유에서 코코넛 오일로 바꿔 사용한 후 현저하게 혈압이 내려갔다고 경험을 말한다. 어떤 사람은 혈압에 변화가 없거나 약간 떨어졌다고 하는데, 이는 비만의 경우와 마찬가지로 인스턴트 식품의 과도한 섭취나 다중 불포화 지방을 줄이지 않았기 때문에 섭취한 코코넛 오일의 양으로는 그 효과가 미약해서 나타나는 현상이다. 다중 불포화 지방뿐만 아니라, 단일 불포화 지방인 올리브 오일이나 카놀라 오일도 혈소판의 점성을 증가시켜 혈압이 오르게 만든다.[151]

우리 혈액에는 특수한 단백질인 혈소판이 있는데 동맥에 손상된 부분이 생기면 여기에 붙어 혈병을 형성한다. 이것은 동맥을 보호하기 위한 작용이지만 지속적으로 혈액의 점성이 높아지게 되면 혈액 순환을 방해하여 혈압이 오르게 되는 것이다.

2) 코코넛 오일은 혈압을 올리지 않는다

코코넛 오일은 혈소판의 점성과는 아무런 연관도 없으며, 오히려 건강에 나쁜 수소화된 코코넛 오일보다도 옥수수 오일이 폐해가 더 심하다는 사실도 연구에 의해 밝혀졌다.[152]

생선 오일은 혈소판의 점성을 줄이는 반면 다중 불포화 식물성 식용유인 옥수수 기름은 혈압을 올리고 코코넛 오일은 그 중간적인 결과가 나타난다는 것도 연구에 의해 입증되었다.[153]

코코넛 오일이 혈소판 점성을 높이지 않아 고혈압에 좋은 식품으로 평가받는다. 한편 인슐린 저항이 혈압을 올라가게 만드는 요인이 되므로[154] 코코넛 오일은 인슐린의 민감성을 개선해 주고 세포를 효과적으로 반응하도록 만들어 고혈압에 대해 보호적인 역할을 하게 된다.

각종 연구에 따르면 코코넛 오일을 전통적으로 먹어 온 지역 주민들에게서는 고혈압이 발견되지 않았으며 폴리네시아에서 행한 한 연구에서는 코코넛 오일을 89% 이상 먹는 사람들이 7% 정도의 소량을 섭취한 사람들보다도 혈압이 낮음을 입증하였다.[155]

또한 서구에서는 나이가 들면서 혈압이 높아지지만 코코넛 오일을 상습적으로 먹는 섬지역 주민들은 변함없이 혈압이 정상임을 나타내고 있다.

결론적으로 코코넛 오일은 혈압이 떨어지도록 도와주고 심장병의 위험을 감소시킨다.

포화 지방을 섭취하는데 어떻게 혈압이 떨어지는가 하는 의심을 품고 있다면 이 기회에 그 인식을 바로 잡아야 한다.

5. 코코넛 오일과 갑상선 기능

1) 다중 불포화 식물성 식용유와 갑상선

현대인들이 매일 먹고 있는 다중 불포화 식물성 지방(콩기름 등 각종 식물성 기름)이 갑상선 기능을 방해하여 각종 질병의 감염과 심장병, 암 등을 일으키기 쉬우며 특히, 여성의 비만과 관계가 있다는 사실을 알고 있는가?

살이 찌는 이유는 섭취하는 지방의 양보다 포화와 불포화의 비율이 결정하며 불포화 지방의 비율이 높을수록 살이 찐다는 사실이 연구에서 밝혀지고 있다.

이미 1950년에 불포화 지방이 인체의 대사 작용을 저하시키고 갑상선 기능 부전을 일으킨다는 것이 정설이 되었으나 이후 학자들은 추가로 어떻게 대사 작용의 손상이 일어나는가를 연구하여 다중 불포화 지방은 세포의 미토콘드리아 정도가 높을수록 갑상선 호르몬 반응 조직을 억압하여 이송을 방해한다는 사실을 규명하였다.

미국에서는 전체 인구의 약 40% 이상이 미미한 갑상선 기능 부전 증상을 겪고 있다고 한다. 갑상선은 신진 대사와 관계가 있기 때문에 인체의 모든 장기와 세포에 영향을 미친다. 갑상선 기능이 감소되면 모든 대사가 조절되지 못해 소화, 치료, 수선 과정, 면역 체계 반응, 호르몬과 효소의 생산이 느려지게 되며 체온도 낮아진다. 결국에는 모든 신체적 효율이 떨어져 만성적인 문제점들이 나타난다.

우리 몸의 상태나 상황에 따라 대사율은 변화된다. 그런데 어떤 이유로 대사율이 상황에 제대로 반응하지 못하고 항상 낮은 상태로 유지되면 기초 체온이 정상보다 떨어진다. 특히 건강하지 않은 상태에서 인스턴트 음식 등을 계속 먹어 만성적인 영양 부족에 심한 스트레스가 겹치면 이런 증상이 나타난다. 설탕이나 정제된 탄수화물, 가공된 식물성 식용유를 매일 섭취하면 천연 비타민과 미네랄의 부족을 가져 온다. 임산부가 갑상선 기능 부전인 경우는 자연 식품을 충분하게 섭취해야 한다.

2) 갑상선 기능 부전에 따라 발생할 수 있는 현상

> 과체중, 손발이 찬 증상, 피로, 편두통, 생리전 증후군, 민감증, 체액 저류, 기억력 감퇴, 과민 반응, 우울증, 집중력 부족, 성욕 감퇴, 저체온, 변비, 불면, 가려움증, 식품 과민 반응, 손톱 갈라짐, 상처 치유 지연, 멍이 쉽게 듦, 더위와 추위에 약함, 저혈당, 감기에 쉽게 걸림, 잦은 요도염, 잦은 곰팡이 감염, 면역력 저하, 관절통, 생리 불순 등등

위에 열거한 내용 중에 3개 이상이 해당되면 일단 갑상선 기능 부전을 의심해 보아야 한다. 유전이나 식생활, 생활 습관, 질병 등에 의해서 갑상선 기능 부전으로 발전될 수 있지만 원인이 무엇이든 코코넛 오일은 이를 개선시킬 수 있다.

3) 갑상선 기능 부전의 기준

갑상선 기능 부전을 정확히 알기 위해서는 아침마다 자리에

서 일어나자마자 4일 동안 같은 시간에 체온을 재서 기록하면 알 수 있다. 갑상선 기능에 이상이 없는 사람들은 체온이 섭씨 36.45~36.77도를 나타내지만 만약 이보다 기초 체온이 낮으면 갑상선 기능 부전일 가능성이 높다.

4) 갑상선 건강을 위한 오일 선택

전통적으로 콩기름과 같은 다중 불포화 지방은 동물의 증체 효과 때문에 가축 사료로 이용되어 왔으며, 살을 찌게 만드는 장사슬 지방산으로 구성되어 있다. 그러나 코코넛 오일은 포화 지방으로 중사슬 지방산이다. 중사슬 지방산은 신진 대사를 촉진시키고 체중을 줄이는 효과가 있으며 대사율 향상으로 체온을 높여준다.

다중 불포화 지방은 순환 체계로의 이동과 호르몬에 대한 조직 반응 억압 때문에 갑상선 호르몬 분비를 차단한다. 갑상선 호르몬은 콜레스테롤을 이용하거나 제거하는데도 필요한 물질이므로 갑상선의 기능을 억압하면 수치가 높아지게 된다.

식물은 초식 동물들로부터 자신을 보호하기 위한 진화를 거듭해서 다양한 독성 물질을 만든다. 씨앗 류의 기름은 동물의 위장 안에 있는 'proteolytic' 소화 효소를 차단하는 기능을 갖고 있는데 이 효소의 활동에 의해 갑상선 호르몬이 형성된다. 불포화 지방은 바로 이 효소의 기능을 억제하고 따라서 다중 불포화 지방은 갑상선 기능 부전을 일으킨다.

식물성 기름에 함유되어 있는 장사슬 지방산이 갑상선에 위험한 요소로 작용하는 또다른 요인은 쉽게 산화되고 부패하는

물성이다. 식물성 식용유 생산업자들은 이런 산패하는 성질을 잘 알고 있어 고도로 정제한다. 많은 연구에 의하면 식물성 기름을 고도로 정제할 때(수소화 또는 부분 수소화) 발생하는 트랜스 지방이 세포 조직을 상하게 하고 갑상선뿐만 아니라 전체적으로 건강에 부정적인 영향을 준다는 것을 밝히고 있다.

이처럼 장사슬 지방산은 몸의 체온에 의해 쉽게 산패되어 갑상선 호르몬을 T4에서 T3으로 변환하는 균형을 깨뜨려 갑상선 기능 부전의 원인이 된다. 지방을 에너지로 변환시키기 위한 효소를 만들기 위해서는 T4가 T3로 전환되어야 한다.

코코넛 오일은 포화 작용이 안정적이며 다른 식물성 오일처럼 신체에 산화 부담을 주지 않는다. 또한 다른 식물성 기름처럼 T4에서 T3호르몬으로 전환되는 것을 방해하지 않고[156] 신체 내에서 대사 과정을 거치는 장사슬 지방산처럼 효소 의존적인 분해가 필요없기 때문이다.

산화하여 부패된 오일에 의해 세포막 손상을 일으키는 간은 T4호르몬이 T3호르몬으로 전환되는 곳으로, 장사슬 지방 대신에 코코넛 오일에서 중사슬 지방산을 섭취하면 세포막 재생에 도움을 주어 T4호르몬의 T3전환 촉진을 도와주는 효소 생산을 증가시킬 수 있다.

5) 갑상선 기능을 회복하기 위해서는?

일반적으로 갑상선 보호에는 음식이 중요한 역할을 한다. 수십 년 간의 연구는 낮은 아이오다인 섭취가 갑상선 기능을 저하시켜 갑상선 종으로 이어진다는 사실을 발견하고 이에 대한 치료 방법으로 아이오다인(iodine)을 첨가한 소금을 사용하였지만 별로 효과가 없었다. 바로 아이오다인을 차단하는 갑상선 기능 억제 식품이 있었기 때문이었다.

인스턴트 식품에 가장 많이 사용되고 있는 기름은 대두유이다. 트랜스 지방산은 쇼트닝을 함유한 튀긴 음식(인스턴트 식품류)과 패스트리류, 냉동 식품류 등에 많이 들어 있으므로 이런 식품의 섭취를 줄여야 한다.

💜 건강한 지방의 섭취

많은 건강 전문가들은 코코넛 오일, 버진 올리브 오일, 그리고 버터만 먹도록 권유하고 있다. 특히 코코넛 오일은 그 중사슬 지방 때문에 가장 안정된 오일 중의 하나이며 열에 강해서 요리에 사용할 수 있는 가장 좋은 기름이다. 다른 식물성 기름은 모두 피하고 특히, 수소화 지방인 마아가린은 절대 먹지 말아야 한다. 모든 상표에 붙어 있는 음식 재료의 구성 성분을 살펴서 선택해야 한다. 대부분의 샐러드 드레싱이나 마요네즈 등에는 콩기름 또는 다른 재료의 다중 불포화 지방이 들어 있으며 식당에서의 튀김요리가 가장 믿을 수 없는데, 이는 기름을 고온으로 가열했거나 사용한 것을 계속해서 가열, 조리하고 있을 가능성이 높기 때문이다.

💜 아이오다인(iodine)이 풍부한 음식물 섭취

아이오다인은 해초류, 생선, 해산물, 계란에 많이 들어 있다. 연어 같은 생선을 먹고 참치 같은 큰 물고기는 수은 함유량이 높은 경향이 있으므로 피하는 것이 좋다. 계란도 양계장이 아닌 방목한 닭에서 생산한 계란과, 호르몬 항생제를 사료로 사용하지 않은 것이 좋다.

♥ 갑상선 건강에 도움을 주는 영양소

아연, 셀레늄, 비타민 B, C, E, A 등이 이에 포함된다. 갑상선 기능 부전을 앓고 있는 사람들은 베타 카로틴을 비타민A로 전환시키지 못하기 때문에 이것의 공급이 필요하다. 또 셀레늄이 T4에서 T3로 전환시키는 역할을 하므로 셀레늄의 부족은 T3를 낮게 만든다. 수은이 셀레늄 대용으로 자리잡을 수 있으므로 아말감 치아를 했거나 참치를 많이 먹었거나 다른 어떤 형태로 수은에 노출 되었다면 특별히 장기에 오염된 중금속 해독을 하는 것이 예방책이다.

♥ 채소 주스

채소를 이용하여 만든 주스는 갑상선 기능과 건강 회복에 많은 도움을 준다. 특히 당근 주스는 효과가 높다. 당근 안에 들어 있는 황화합물들은 티록신(thyroixine)이나 캘시토닌(calcitonin)의 조절제이므로 혈액에 충분한 양이 순환되면 갑상선 호르몬을 다소 조절할 수 있다. 그러므로 일정하게 지속적으로 당근 주스를 먹으면 갑상선 건강에 유익하다. 갑상선은 칼슘 흡수를 가능하게 해 주는 캘시토닌(calcitonin)이라는 호르몬을 만들기 때문에 약만 복용하고 근본적인 문제를 치료하지 않으면 갑상선 기능 부전 환자는 골다공증도 함께 앓게 됨을 증명할 수 있다.

🩶 생활 습관의 변화

일상생활을 통해 영양분 흡수를 방해하거나 갑상선 기능에 해가 되는 음식이나 물질, 환경을 피해야 한다.

🩶 갑상선 기능 저하 유발 음식을 피하라

어떤 특정 음식은 아이오다인이 갑상선에서 흡수되는 것을 막는데, 순무, 양배추, 겨자, 머스타드, 카사바 뿌리, 기장, 땅콩, 대두, 잣 등이다. 갑상선 기능이 회복될 때까지는 섭취를 피해야 한다. 갑상선 기능이 회복되면 이들 음식물을 가끔 먹어도 되지만 가능하면 매일 먹지 말아야 한다고 충고하고 있다. 한편으로 가장 주의하여야 할 것은 샐러드 드레싱의 대두유와 그 충진제로 만든 마요네즈, 가공된 식물성 단백질, 땅콩 버터 등이다. 이런 음식물은 대부분 인스턴트 식품들이다.

🩶 정제 곡물과 설탕 등 갑상선 부담 요소를 제거한다

갑상선에 부담을 주는 식품은 정제된 곡물(밀가루), 설탕, 당류, 카페인(커피, 홍차, 소다류, 쵸콜렛), 수소화 또는 부분 수소화된 식용유(마아가린, 쇼트닝 등), 알콜 등을 일컫는다. 정제된 곡물로 만든 흰빵, 비스켓, 팬 케익, 피자, 파스타, 작은 롤빵 등을 피해야 한다. 땅콩 샌드위치는 밀가루에 땅콩 버터를 첨가한 식품으로 갑상선 기능을 저하시킨다. 그리고 모든 당류는 절대로 먹어서는 안 된다. 가능하면 스테비아나 허브당을 쓰는 것이 좋다. 디저트는 피해야 하며 감정적인 스트레스(화, 슬픔, 죄책감, 걱정, 공포 등)도 갑상선에 부담을 주므로 안정된 마음을 유지해야 한다. 이밖에도 갑상선 기능 부전이면 임신이나 환경적인 공해 즉, 농약, 중금속, 칸디다 효모증, 의료적 스트레스(방사능, X-RAY, 약 등) 등도 피해야 한다.

💙 불소와 수은에 노출을 제한한다

불소와 수은에 노출되는 것을 가능한 한 피해야 한다. 해결책으로 불소나 화학 물질을 걸러주는 정수기를 설치하는 것도 좋은 방법이다. 불소가 없는 치약을 사용하며 입 속에 수은 아말감 같은 충진물을 제거한다.

💙 중금속 해독

많은 사람들이 결장, 간, 쓸개, 신장의 중금속 해독 프로그램을 통해 갑상선 기능 향상에 많은 도움을 받고 있다. 특히 간 해독은 간에서 T4가 T3로 많이 변환되도록 도와주므로 갑상선 기능을 향상시킨다. 지친 간은 이와 같은 기능을 효과적으로 수행하지 못한다.

💙 운동

갑상선 기능 부전에 운동은 대단히 중요한 항목이다. 운동은 갑상선 분비를 촉진시키고 갑상선 호르몬에 대한 조직의 반응성을 증가시킨다. 각자의 에너지 수준에 맞는 운동을 선택하면 된다. 체중을 유지하는 운동이 골다공증 예방에도 중요하다. 에어로빅이나 빨리 걷기 등은 심장 기능을 강화시키고 심장 박동을 촉진시켜 주고 동시에 대사율을 높여준다. 점프를 하거나 제

자리 높이뛰기를 하면 장기와 림프 체계에 좋은 효과를 얻을 수 있다.

💜 갑상선 건강 회복에 걸리는 시간

갑상선 기능 부전은 보통 집중적인 약물 치료를 시작하면 보통 2~3주안에 효과가 나타나지만 평생 동안 약을 먹어야 할 경우도 있음을 염두에 두어야 한다. 코코넛 오일은 갑상선 기능 부전 해결에 도움이 되며 퇴행성 질병의 위험도 줄여준다.

6) 결론

결론적으로 갑상선 기능 이상은 비만의 주요 원인이기도 하다. 무분별한 현대 음식이 주범이므로 건강한 갑상선을 유지시키고 알맞은 체중을 유지하기 위한 가장 좋은 방법은 음식물을 통해 올바른 영양소를 섭취하며 갑상선에 부담을 주는 음식은 피하는 것이다. 가장 중요한 음식 습관의 변화는 다중 불포화 식물성 지방의 섭취를 건강한 코코넛 오일로 바꾸는 일이다.

6. 칸디다 곰팡이 감염

칸디다는 소화 체계를 억제한다. 건강한 사람들은 칸디다 곰팡이를 유용한 미생물 또는 생균이 견제하기 때문에 별 문제가 되지 않지만, 유용한 박테리아가 항생제나 각종 약, 피임약, 부실한 음식 섭취, 일상 스트레스 등에 의해 파괴되면 칸디다 곰팡이가 체내에서 통제 없이 성장하여 감염 증상을 일으킨다.

즉 질염, 과체중, 동공과 귀의 염증, 장의 이상 증세, 구강 궤양 염증 및 동전 버짐(백선), 자폐증과 같은 칸디다 감염 증상으로 전 세계적으로 많은 사람들이 불편을 겪고 있다.

이런 곰팡이와 관련된 건강 문제는 나이나 성별에 관계없이 모든 사람에게서 발생되며 특히 여성의 발병률이 높다.

1) 소화 기관의 미생물 환경

소화기 내부에 살고 있는 미생물은 400종으로 약 100조 마리 이상으로 추정하고 있다. 그리고 대변의 1/3 정도는 박테리아라고 한다. 대부분은 인체에 해가 없는 박테리아들로 평생 체내에서 함께 살고 있으며, 이런 박테리아가 없으면 생존할 수 없다. 유용한 박테리아들은 신체에 영양을 공급하고 질병으로부터 보호하며 장 기능을 원활하게 만든다.

이들은 비타민 B_3(niacin)나 피리독신(phyridoxine : 비타민 B_6), 비타민K, 폴산(folic acid), 비오틴(biotin) 등을 생산하며, 우유나 유제품의 소화를 위한 락타제(lactase) 효소도 생산한다. 또한 병원이 되는 박테리아나 바이러스, 곰팡이들을 죽이거나 이들을 억제하는 항균 물질도 생산하고 있으며 일부 박테리아는 항암 역할을 하는 것으로 알려져 있다.

그런데 장내에는 유해한 박테리아도 많이 있어 항생제를 먹거나 유해한 균의 증식을 촉진하는 음식을 먹게 되면 숫자가 많아져 건강에 문제를 일으키게 된다. 그 결과 다양한 증상으로 신체 부위에 영향을 주어 염증을 유발시키거나 변비, 설사, 칸디다증, 건선, 여드름, 습진, 알러지, 두통, 통풍, 관절염, 방광염, 대장염, 크론씨병, 과민성 대장 증후군, 만성피로, 민감 감응, 우울, 호르몬 불균형, 궤양, 암 등을 일으키게 된다.

이와 같이 유해한 미생물 중에 가장 많은 문제를 일으키는 것은 칸디다 곰팡이(Candida Albicans)로 보통은 정상적인 숫자가 살고 있지만, 만약 증식되면 아구창이나 질염, 진균증 등의 감염 증상이 나타나기 시작한다.

이처럼 칸디다 곰팡이와 미생물들은 마이코톡신(mycotoxins)이나 엑소톡신(exotoxins) 같은 독성 물질을 배출한다. 'myco'는 곰팡이를, 'exo'는 박테리아를 뜻하는 말이다. 이런 독물은 면역 체계를 압박하며 신체를 오염시킨다.

이렇게 되면 신체는 독물의 제거를 위해 많은 에너지를 소모해야 하고 몸에 발열이 심하며 체력이 약해져 만성피로로 발전된다. 이러한 증상은 감기에 자주 걸리게 하고 회복이 느린 사람들은 소화 체계를 잘 관리해야 건강을 유지할 수 있다.

유해한 미생물이 계속 증식되면 결국 장의 벽에 손상을 입혀 궤양과 같은 증상으로 발전될 수 있다. 칸디다는 성장하도록 방치해 두면 잠행성이 된다.

또한 칸디다는 단일 세포에서 복합 세포로 변형되어 이끼의 뿌리와 같은 리조이드(rhizoids)라고 불리는 형태가 되어 장벽을 뚫고 뿌리를 내리게 되는데, 만약 이 리조이드가 장벽에 침착되면 비타민, 미네랄, 아미노산, 지방산들의 흡수를 방해하여 심하면 영양 결핍 증상을 일으킨다. 리조이드의 증식으로 장벽에 점점 더 많은 구멍이 나면 박테리아나 독성 물질, 소화 안 된 음식물 등이 장벽을 통해 혈액에 유입되는 '장투수 증후군' (leaky gut syndrome)을 유발시킨다.

우리 몸 안에 해를 주지 않는 박테리아도 혈액에 들어가면 염증을 일으키게 된다. 이런 상태가 급성 증상으로 발전하지 않더라도 미미한 정도의 만성 감염에 의해 염증을 만들어 항상 몸이 무거운 상태로 남는다. 또한 소화되지 않은 단백질이 장벽을 통해 혈액에 들어가면 인체는 이를 침입자로 판단하여 면역 체계가 즉시 가동되는데 이때 나타나는 현상이 바로 알러지이다. 그래서 음식 소화 기관 내의 미생물 수의 불균형에 의해 알러지가 발생된다.

이렇게 장내의 미생물 환경 상태에 따라 신체에 영향을 받게 되며 대다수의 건강 전문가들은 만성 질병의 원인이 장의 미생물 불균형에서 시작되는 것으로 생각하고 있다.

그렇다면 장의 미생물 균형 문제는 어디서부터 나올까? 바로 음식이다. 이로운 균이 많으면 유해한 균은 견제되어 급속히 줄어든다. 유익한 균이 좋아하는 식품은 채소류나 통곡물, 두과류, 코코넛 등의 섬유질이 풍부한 식품이다. 반면 유해한 균들이 좋아하는 식품은 짧은 구조의 탄수화물로 케익, 쿠키, 사탕, 설탕, 흰 밀빵, 국수 등이다.

항생제는 유해한 미생물을 역으로 증식시킨다. 항생제는 유용한 박테리아까지 모두 죽이기 때문이다. 스테로이드(steroids)제인 cortisone, ACTH, prednisonel, 피임약 등도 유용한 박테리아를 손상시킨다. 곰팡이 또는 효모는 항생제나 스테로이드제에 의한 손상을 입지 않으며 좋은 박테리아가 죽으면 칸디다 균은 급속도로 증식된다.

2) 칸디다 곰팡이란?

칸디다(Candida Albicans : 백색칸디다) 곰팡이는 단세포 곰팡이로 사람의 점막과 장내에 살고 있으며 여성의 75%이상이 한 번 이상 경험한 질염을 일으키는 곰팡이다. 또한 유아의 아구창이나 기저귀 진무름 증을 일으키는 곰팡이이기도 하다. 태어날 때부터 누구나 필연적으로 이 곰팡이에 노출되는데 보통 해가 없는 유용한 박테리아와 면역 체계가 이들을 견제하여 칸디다 곰팡이의 수를 적게 유지하도록 만들고 있다.

그리하여 면역 체계가 약화되거나 또는 항생제 등에 의해 이를 견제하는 유용한 박테리아가 죽게 되면 이 칸디다 곰팡이는 급속히 번식한다.

여성의 질염은 단지 특정 국소에 칸디다 곰팡이에 의해 감염되었을 때 부르는 명칭일 뿐이다. 소화기 계통에 살고 있는 곰팡이들이 통제를 벗어나면 칸디다증이 신체에 나타나서 재생산 체계에 영향을 준다. 여성뿐만 아니라 남성도 이 칸디다 곰팡이의 영향을 받는데 그 증상이 너무나 다양하여 의사도 칸디다 곰팡이가 병의 원인임을 규명하기가 힘들다고 한다.

질염이나 아구창의 경우는 흰색 유출물로 알 수 있지만, 대개의 경우 규명이 어렵고 피로감, 우울, 알러지 증상, 끊임없는 곰팡이성 피부 감염, 무좀, 사타구니 진균증, 백선, 버짐 등등의 증상을 유발시킨다. 백선 또는 건선이라 부르는 증상도 곰팡이에 의한 감염이며 성장기 청소년의 비듬 원인도 바로 무좀과 같은 버짐 곰팡이에 의한 감염이다.

3) 칸디다 곰팡이 감염에 의한 일반적 증상

> **일반적 증상** : 피로, 두통, 소화 장애, 관절통, 우울, 기억력 감퇴, 가려움증, 알러지
> **여성의 증상** : 잘 낫지 않는 질염, 생리 불순, 방광염 재발
> **남성의 증상** : 재발이 심한 사타구니 진균증, 무좀, 전립선염, 발기 부전
> **유아의 증상** : 귀의 감염, 과다 활동성, 성격 장애, 학습 능력 저하

다음의 사항에 해당하면 칸디다 감염을 의심해 본다.

- 전체적으로 기분이 나쁘며 뭔지 불분명하게 어떤 방법으로도 개선이 되지 않는 상태.
- 광역 항생제로 장기적인 치료를 받은 경험이 있다.
- 효모와 설탕이 함유된 음식을 장기간 많이 먹은 적이 있다
- 항상 단 것을 즐기며 빵이나 알콜 함유 음료를 좋아한다.
- 단 것이 증상을 호전시킨다.
- 저혈당 증상이 있다
- 피임약이나 다른 부신 피질 호르몬 약을 먹은 경험이 있다.
- 다중 임신(세 쌍둥이 이상의 임신)을 한 경험을 가지고 있다.
- 재생산 기관 관련 질병, 이를테면 하복부 통증, 질염이나 대하증, 생리전 증후군, 생리 불순, 전립선염, 발기 부전을 경험한 적이 있다.

- 소화와 신경 체계에 장기적 또는 재발 증상이 있다.
- 무좀, 손톱이나 발톱에 곰팡이 감염 또는 샅진균증에 걸린 적이 있다.
- 습한 날이나 곰팡이가 많은 장소에 가면 기분이 나쁘다.
- 향수나 담배 연기 또는 다른 화학 물질에 노출되면 과민 반응이 나타난다.[157]

4) 칸디다증의 치료

장기간에 걸친 항생제 복용은 급성 칸디다의 발현에 매우 중요한 요소가 된다. 항생제는 면역 체계를 압박하고 곰팡이의 성장을 억제하는 정상적인 장내 균들을 죽여 칸디다의 증식을 돕는다.

한편 전신성 칸디다증의 경우는 효모가 소화 기관 계통 밖으로 나와 온몸에 퍼지게 되어 평생 동안을 치료해야 한다. 소화 체계의 건강 균형을 회복시키거나 칸디다를 제거하는 일은 쉽지 않아서 다양한 치료를 병행해야 하는데, 우선 곰팡이를 없애는 유용한 미생물을 추가 공급하면서 설탕 등의 섭취 제한으로 곰팡이 증식을 막아야 한다.

코코넛 오일에 함유된 중사슬 지방산은 이와 같은 곰팡이를 제거하는데 효과적이지만 효과가 빨리 나타나면 'die-off(또는 Herxheimer)'로 불리는 설사와 같은 여러 가지 명현 현상이 나타난다. 이 현상은 유해한 미생물을 빨리 죽여서 많은 양의 곰팡이 독소와 죽은 세포 등을 처리하는 과정에서 일어나는 현상을 말한다. 이때 일시적으로 증상이 더 심하게 나타날 수도 있다.

코코넛 오일의 중사슬 지방산이 칸디다 효모를 죽인다는 연구가 있다. 카프릴산은 코코넛 오일에 함유되어 있는 중사슬 지방산의 한 가지로 칸디다 곰팡이 박멸에 이용되어 왔다. 그러므로 많은 학자들이 카프릴 지방산을 칸디다 곰팡이 감염 치료제로 사용하여 왔으며, 특히 항곰팡이제에 역 반응이 있는 사람들에게 좋은 효과를 보여 주었다고 한다(William G. Crook, M.D., The Yeast Connection, 1986).

카프릴산 이외에 코코넛 오일에 함유되어 있는 중사슬 지방산에는 두 가지 성분이 더 있는데 이들 역시 칸디다 곰팡이를 죽이는 것으로 밝혀졌다.

한 연구에 의하면 카프릴 포화 지방산이 세 가지의 칸디다 종류 모두에 대해 가장 빨리 효과적으로 박멸 작용을 한다는 사실도 밝혔고, 라우르산 역시 곰팡이 살균에 효과가 있다는 것을 밝혔다.

결론적으로 코코넛 오일에 들어 있는 모든 종류의 중사슬 포화 지방산이 칸디다 곰팡이를 죽이는데, 곰팡이가 많은 지역에 살고 있으면서 코코넛 오일을 먹는 사람들은 거의 감염되지 않는다.

필리핀 여성들은 코코넛 식품을 많이 먹은 탓에 칸디다 효모 감염이 되지 않았으며, 이는 코코넛 오일을 섭취하면 칸디다 과잉 증식증에 걸리지 않음을 입증해 주는 예이다.

만약 코코넛 오일을 먹으면서도 칸디다 과잉 증식을 걱정한다면 면역 체계의 재건과 장내 균의 균형을 위해 건강한 생균 식품을 먹어야 한다. 이 방법으로는 설탕을 모든 음식물에서 제거하고 전통 발효 식품을 섭취해야 한다. 단 발효 식품이 살균된 것이라면 유용한 박테리아까지 모두 죽었다는 사실을 알아야 한다.

5) 코코넛 오일을 이용한 항칸디다 다이어트

- 음식물에 하루 3.5테이블 스푼(1테이블 스푼=15ml)의 코코넛 오일을 점차적으로 첨가한다.
- 김치나 요구르트 등 전통 발효 식품을 추가로 섭취한다.
- 음식에 설탕을 넣지 않고 단순 탄수화물 식품(밀가루 음식, 흰 빵, 파스타 등)을 섭취하지 않는다.
- 코코넛 오일에 익숙해지면 칸디다 제거 보조약을 먹는다.
- 치료제를 최소 6개월 이상 복용한다.

모든 단계에서 전술한 것처럼 명현 현상이 수반될 수 있음을 기억하고 이런 현상이 찾아오면 몸에 적응될 때까지 복용량을 약간씩 줄이다가 한동안 끊은 후 다시 시작하면 효과를 얻는다.

7. 위궤양 치료

병리학적 자료에 의하면 헬리코박터 파이로리균(H.pylori)이 일으키는 궤양과 위암이 연관 관계가 있음을 밝히고 있는데, 직접적으로 박테리아에 대항하는 항박테리아 음식을 엄선하여 지속적으로 섭취하면 예방할 수 있다.

대다수의 위궤양 환자들은 항헬리코박터 파이로리균 치료 과정을 거치면 치유가 되지만, 가장 확실한 의과적 방법은 헬리코박터 파이로리균이 음성인 상태가 되도록 십이지장과 위궤양을 치료해야 한다. 즉 감염을 근절하여 위궤양 재발을 막는 것이 가장 좋은 방법이지만, 헬리코박터 파이로리균의 치료제는 다른 박테리아 치료제처럼 장기에 부작용을 일으킨다는 문제점이 지적되고 있어 높은 효율과 안전성, 적응성이 있는 이상적인 치료 물질의 개발이 필요한 상태이다.

그러나 한 연구소에서 현대사에 처음으로 미생물을 무력화시키는 중사슬 지방산이라는 자연 물질을 연구하여 박테리아의 내성 문제에 대한 돌파구를 찾을 수 있는 전기를 마련하였다.

그들은 연구에서 몇 가지 유리 지방산(free fatty acids)이 항박테리아와 항바이러스 효력이 있으면서도 내성이 없음을 발견하였다. 이전의 연구에서는 항박테리아적인 기전이 단지 유리 지방산일 경우에만 연관이 있음을 규명하였지만, 이후 연구에서는 디글리세이드 또는 트리글리세라이드에는 항생 역할이 없고 모노글리세라이드가 바로 항박테리아 효과가 있음을 알아냈다.

이 연구에 따르면 항박테리아 효력이 가장 큰 것은 12탄소의 중사슬 포화 지방산인 라우르산이며 더 최근의 연구에서 그람 음성 미생물인 헬리코박터 sp의 성장에 대해서도 이 라우르산이 억제 작용을 한다는 것을 밝혔다. 실험에서 중사슬 지방산의 모노글리세라이드에서 배양한 헬리코박터 파이로리균들은 생존하는 개체수가 많이 감소되는 것이 관찰되었으나 단사슬이나 장사슬 지방산의 모노글리세라이드 상태에서 배양한 박테리아에는 살균에 별다른 영향을 주지 않는다는 것을 알게 되었다.

그리고 헬리코박터 파이로리균에 대한 항균 작용은 유일하게 라우르산만 효과가 있다는 것도 확인하였다.[158, 159] 위궤양 치료 항생제는 먼저 헬리코박터 파이로리균의 내성 문제를 해결해야 한다. 최근의 연구들은 Triclosan 항생제에도 병원균들이 내성을 갖고 있음을 밝히고 있다.

중사슬 지방산의 모노글리세라이드를 장기적으로 사용하여도 균이 내성을 갖지 않는 것은 큰 장점이다. 이와 같은 연구자료들은 위궤양의 병원균인 헬리코박터 파이로리균이 코코넛 오일에 많이 함유되어 있는 중사슬 라우르산 지방산 모노글리세라이드에 의해 빨리 억제된다는 것을 보여 주고 있으며 코코넛 오일을 섭취할 경우 분해된 라우르 지방산이 이들을 살균한다는 것을 증명하고 있다.

그러므로 코코넛 오일을 매일 섭취하면 헬리코박터 파이로리균에 의한 위궤양의 예방과 치료에 크게 도움이 될 것이다.

8. 염증성 대장염

과민성 대장 증후군(IBS), 크론씨병(Crohn's disease), 궤양성 대장염 등이 염증성 대장염에 포함된다. 가공된 탄수화물과 항생제를 많이 먹는 선진국에서는 지난 30년 동안에 이런 환자들이 급증하였다고 한다.

위의 세 가지 질환은 소장과 대장의 궤양이나 종양을 포함하여 모든 염증 증상을 수반하는 질병을 말하는 것으로 소화 불량, 복부 통증, 가스, 설사, 변비, 구역질 등의 증상을 수반한다.

1) 과민성 대장 증후군

과민성 대장 증후군이란 위에서 말한 증상들이 대장에 발생하는 것으로 위장 내과 환자의 절반 이상이 바로 이 과민성 대장 증후군에 감염되어 있다. 식후에 보통 더부룩하고 가스가 차며 복부에 통증이 있고 변비나 설사가 나타나며 면역 체계가 가동되어 감기 비슷한 증상을 일으켜 두통이나 관절통, 근육통, 만성피로 등을 유발한다.

2) 크론씨병

크론씨병은 구강에서 직장까지 모든 소화 기관에 영향을 주는데 가장 많은 문제가 발생하는 곳은 소장과 대장의 연결 부분이다. 보통 열이 나고 출혈이 있으며 체중이 줄어드는 증상이 나타나고 만성적인 설사로 영양분이나 체액, 미네랄 등이 부족한 상태가 된다.

또한 계속되는 염증과 깊은 궤양 때문에 장벽이 두꺼워지게 되어 눈이나 피부, 관절에까지 영향을 미친다.

3) 궤양성 대장염

궤양성 대장염은 대장과 직장의 내벽에 만성 염증이나 궤양이 있는 증상을 말한다. 주요 증상으로는 피가 섞인 설사와 변에 고름이나 점액질이 보인다. 심한 경우 설사와 출혈이 계속되고 몸의 상태가 좋지 않다는 느낌과 함께 발열이 계속된다. 과다 출혈인 경우 빈혈이 일어나고 피부 발진이나 구강 궤양, 관절염, 눈에 염증이 동반된다. 10년 이상 이 증상이 계속되면 대장암의 위험이 높아지는데 십이지장 궤양처럼 병원균에 의해 낮은 단계의 만성, 국부적 감염과 열을 동반한다.

그러나 의사들은 어떤 박테리아나 바이러스가 이런 현상을 일으키는지 아직 규명하지 못하고 있다. 의사들은 나쁜 박테리아의 증식이 원인일 것이라는데 관심을 두고 있다.[160]

이런 증상에 항생제 처방을 하면 단시간에 구제는 할 수 있지만 좋은 균도 죽게 되므로 다시 재발한다. 이때는 항생제에 죽지 않는 효모가 많이 자란 상태에 놓여 있기 때문에 항생제도 효과를 기대할 수 없으므로 수술을 권유 받는다.

그러나 수술을 해도 근본적으로 장내의 환경을 바꾸지 않으면 다시 재발하게 되므로 수술도 완전한 치료법이 되지 못한다. 그러므로 이런 증상에 대한 근본적인 치료는 장내 환경을 개선하는 일이다. 단 것과 가공된 단순 탄수화물 식품의 섭취를 없애고 섬유질이 많은 채소류와 식품을 먹으면서 유산균이 있는 발효 식품을 섭취해야 한다.

이때 코코넛 오일을 섭취하면 유해한 효모나 박테리아, 바이러스에 대한 항균 작용을 하고 유용한 박테리아는 죽이지 않으므로 매우 바람직하다. 동물 연구에서도 독성 물질로 소화 기관에 손상이 일어났을 때 중사슬 지방산은 염증을 감소시키며 장벽의 면역력을 향상시킨다.[161]

인체 실험에서도 코코넛 오일이 함유된 과자를 먹은 결과 증상들이 개선되었다고 발표하고 있다.

따라서 설탕이나 가공된 단순 탄수화물 식품을 끊고 코코넛 오일과 섬유질 식품, 발효 식품을 꾸준히 먹으면 다소 시간이 걸리더라도 장의 건강에 많은 도움을 줄 것이다.

9. 쓸개의 질병

쓸개에 질병이 있거나 수술로 제거된 상태라면 코코넛 오일이 구세주가 될 것이다. 왜냐 하면 코코넛 오일을 먹으면 지방 소화에 대한 아무런 걱정없이 공급을 받을 수 있기 때문이다. 쓸개는 간에 붙어 있으며 간에서 생산한 쓸개즙을 보관하는 역할을 한다. 지방을 섭취하여 소화 기관에 들어가면 쓸개로 신호가 보내져 쓸개즙이 분비된다.

쓸개즙은 지방 소화에 필수 요소이다. 지방과 물은 섞이지 않으며 지방을 소화시키는 효소는 수용성이어서 혼합될 수 없다. 그러나 담즙이 섞이게 되면 유화제 역할을 하여 물과 지방이 혼합되도록 만들고 지방 소화 효소들이 모든 지방 분자(트리글리세라이드)에 접촉되어 각각의 지방산으로 분해된다.

간은 계속 담즙을 만드는데 소량으로 생산되기 때문에 지방을 한꺼번에 소화하기에는 부족하여 많은 양을 쓸개에 보관한다.

문제는 쓸개의 담즙이 굳어져서 담석이 되면 장으로 내보내는 담즙의 양이 적어지고 심하면 담도를 막아 극심한 통증을 일으킨다. 만약 담석의 크기가 작으면 초음파 등으로 파쇄하여 해결할 수 있지만, 대다수의 환자가 통증을 느낄 때는 이미 너무 커져서 쓸개를 절제해야 하는 경우가 많이 발생한다.

이와 같은 쓸개의 질병에 코코넛 오일의 카프릴산(C8)과 카프리산(C10)의 모노글리세라이드와 디글리세라이드가 담석을 용해시킨다는 것이 밝혀져 담석 용해의 새로운 치료법으로 등장했다.[162]

쓸개를 제거한 환자의 문제는 지방을 소화시키지 못한다는 점이다. 적은 양의 담즙으로 지방을 소화시킬 수 없기 때문에 적정량의 지방을 섭취할 수 없어 영양소 부족이라는 결핍증에 이른다. 지용성 비타민 A, D, E, K 및 베타 카로틴 흡수를 위해서는 지방을 먹어야 한다. 이와 같은 비타민이 부족하면 퇴행성 질환이나 질병에 걸릴 위험이 높아 영양 부족에 의한 급성 증상이 나타나지 않더라도 부적절한 건강 상태가 계속되며 면역력이 낮아지고 노화가 가속되고 통증이 점차 늘어난다.

그러므로 이런 사람의 음식에 많은 양의 지방을 넣으면 소화에 무리를 주게 되지만 코코넛 오일을 첨가하여 섭취시키면 담즙 없이 지방을 흡수 할 수 있어 쓸개가 없어도 정상적으로 지방을 이용할 수 있다. 지방의 소화와 흡수에 문제 있는 사람들은 코코넛 오일을 먹으면 많은 도움을 받을 수 있다.

10. 각종 암

코코넛 오일이 대장암이나 유방암, 피부암에 대해서 항암 효과가 있으며, 간암에 대해서도 항암 효과가 있다는 의학적인 연구들이 있다.

동물 실험에서 서로 다른 지방산을 투여한 후 암에 미치는 영향을 관찰하였는데, 옥수수 오일, 잇꽃 오일, 올리브 오일, 분쇄한 코코넛, 코코넛 오일을 급이한 후 관찰한 결과 코코넛 오일을 먹은 동물이 다른 오일을 먹은 동물보다도 암이 억제되었다는 결과가 나왔다.

대장암의 경우는 옥수수 오일에 비해 무려 10배 이상이나 종양 성장이 적었으며 소장의 종양에서도 코코넛 오일과 올리브 오일을 급이한 쥐가 가장 좋은 결과를 보여 주었다.[163]

1987년도에 Lim-Sylianco 연구팀이 50여 년 동안 진행한 연구 발표에서 코코넛 오일의 항암 효과를 증명했다. 동물에게 화학적으로 대장암과 유방암을 발생시켰을 때 코코넛 오일은 불포화 지방보다 훨씬 보호적이었다는 것이다.

옥수수 오일을 먹은 피실험군은 32%가 대장암에 걸렸고, 코코넛 오일을 먹은 피실험군은 3%만이 이 암에 걸렸으며 불포화 지방을 먹인 동물이 더 종양이 많았다는 결과가 나왔다. 이는 불포화 지방의 갑상선 기능 억제와 면역력 억제 때문이라고 연구팀은 발표하였다.

중사슬 지방산의 항암 작용은 화학적으로 유도한 유방암에 대해서도 효과가 있음을 입증하였다.[164]

L.A.Cohen 박사 연구팀에 의한 연구에서도 유방암을 일으키는 화학 물질을 투여한 쥐가, 다른 오일을 급이한 쥐와는 달리 코코넛 오일에 함유되어 있는 중사슬 지방산 오일을 급이한 쥐는 전혀 유방암으로 진행되지 않았다는 결과를 얻었다.[165]

피부암에 대한 연구에서도 쥐의 피부에 발암 물질을 바른 후 관찰한 결과 20주 뒤에 피부암으로 발전한 것을 발견하였으나 발암 물질과 코코넛 오일을 함께 바른 쥐는 전혀 암의 진행을 찾아볼 수 없었다.[166]

오랫동안 보관한 곡물과 콩류는 곰팡이에 의해 아플라톡신 (aflatoxin)이라는 발암 물질이 나오게 되는데, 아시아와 아프리카 지역의 사람들에게 간암을 일으키는 주요 물질로 알려져 있다. 필리핀산 옥수수를 많이 먹는 지역에서도 이 아플라톡신이 간암을 많이 일으킨다고 보고되었다.[167]

코코넛 오일을 먹으면 바로 간암을 일으키는 아플라톡신으로부터 보호 받을 수 있다.

코코넛 오일의 중사슬 지방산이 항암 효과를 보여준다는 또 다른 연구는, 코코넛 오일과 생선 오일을 장기를 둘러싸고 있는 연결 조직 또는 섬유 조직에 암을 일으키는 육종(sarcoma)을 발생시킨 쥐에게 투여하여 종양 단백질 합성을 감소시켜 암종양의 성장을 억제한다는 사실도 밝혔다.[168]

암의 발생은 프리 래디칼이나 발암 화학 물질 등 여러 가지 요인이 있지만 결론적으로 코코넛 오일에 의해 암이 많이 억제가 됨을 알 수 있다.

바이러스도 암을 발생시키는 원인 중의 하나인데 자궁경부암은 대부분 HPV 바이러스에 의해 발생하며 Epstein-Barr 바이러스나 싸이토메갈로 바이러스, 아데노 바이러스 등도 암을 일으키는 것으로 알려져 있다.

그러나 코코넛 오일의 중사슬 지방산은 항바이러스 작용을 하여 이런 바이러스에 의한 암의 위험으로부터 보호해 주는 역할을 한다.

누구나 암 세포를 가지고 있다. 그러나 암에 걸리지 않는 이유는 면역 체계가 세포들이 암으로 변하기 전에 처리를 하기 때문이다.

미국의 Arther I., Holleb M.D. 박사도 면역 체계가 위험한 세포들을 파괴하는 능력이 없을 때만 암에 걸리게 된다고 말하고 있다.[169]

전문가들의 의견을 종합하면 암이란 면역력이 약하거나 높은 부하가 걸려 있을 때 발생하는 것이므로 면역력을 길러주면 암으로 발전되지 않는다는 것을 알 수 있다.

위에서 설명한 바와 같이 코코넛 오일의 중사슬 지방산은 종국적으로 면역 체계를 향상시킨다. Witcher 박사 연구팀은 코코넛 오일에 풍부하게 들어 있는 라우르산의 모노글리세라이드 형태의 지방산이 면역 체계를 강화한다는 학설을 실험한 결과 중사슬 지방산이 백혈구의 생산을 도모하며 특히, T 세포의 생산을 촉진한다는 것을 증명하였다.[170]

또다른 연구에서는 중사슬 지방산이 종양 조직의 지방산 구성과 종양 단백질에 영향을 주어 종양의 성장을 억제한다는 사실도 밝히고 있다.[171]

코코넛 오일은 프리 래디칼에 대해 항산화제의 역할을 담당하며 면역력을 향상시켜 위험한 세포들을 제거하는데 도움을 준다. 한편 암세포의 성장을 억제하며 각종 발암 물질에 대해서도 보호 작용을 한다. 무독성이고 부작용이 없는 코코넛 오일을 매일 먹고 바른다면 암의 예방과 치료에 많은 도움이 된다.

11. 간의 질환

코코넛 오일은 암으로부터 보호할 뿐만 아니라, 각종 프리 래디칼과 관련된 건강 문제에도 도움을 준다.

H.Kono 박사 연구팀은 중사슬 지방산이 프리 래디칼 형성을 억제하여 동물의 알콜성 간경변을 막아준다는 연구 결과를 발표하였다.[172]

다른 연구들도 중사슬 지방산이 알콜성 간경변의 발생을 억제하는 이외에 간 조직 괴사를 예방하고 병든 세포를 회생시킨다는 결과를 내놓고 있다.[173]

실험이나 병리학적인 연구에서도 알콜성 간경변이 되기 위해서는 리놀레 다중 불포화산이 반드시 필요하다는 결과가 나왔

다.[174]

포화 지방인 우지와 에탄올을 먹인 동물은 간 손상이 없었으나 급이에 0.7% 또는 2.5%의 리놀레산만 먹여도 지방간, 간 조직 괴사, 간염이 나타났다는 연구도 있다.[175]

이때 먹이에 콜레스테롤이 2% 함유된 경우는 간에 해가 없는 것으로 나타났지만, 아미노산 소화 효소 부족으로 모두 토해 냈고 이와 같은 현상은 에탄올과 리놀레산을 함께 먹인 동물에서 나타나는 효과와 비슷했다고 한다.

인체의 모든 장기 중에서도 간은 코코넛 오일의 혜택을 가장 많이 얻는 장기이다. 간은 지속적인 부하를 받으며 폐기물을 걸러 내고 독성 물질을 중화시키는 역할을 담당한다. 또 한편으로 지방과 단백질을 분해·합성하며 에너지를 생산·축적하는 이외에도 많은 기능을 가지고 있다.

중사슬 지방산은 프리 래디칼과 유해 병원균의 항균 작용으로 간의 부담을 줄여주고 독성 물질을 중화시키는 해독 작용을 돕고 있다. 이와 동시에 코코넛 오일을 먹으면 부하를 줄여 간을 쉽게 만든다. 또한 프리 래디칼의 공격으로부터 보호하며 대사에 필요한 에너지를 공급할 뿐만 아니라, 간 기능을 강화시켜 준다.[176]

또한 코코넛 오일의 중사슬 지방은 콩기름 등의 장사슬 지방산보다 간에 과도하게 콜레스테롤이 쌓이는 것을 막아준다. 그러므로 코코넛 오일을 먹으면 식물성 기름의 장사슬 지방을 섭취하였을 때보다 월등하게 간의 콜레스테롤 수위를 낮춰준다.[177]

불포화 식물성 지방이 혈중 총 콜레스테롤 수위를 낮추지만, 오히려 조직이나 간의 콜레스테롤 수위는 높인다. 다중 불포화 식물성 지방은 혈중 콜레스테롤 수위를 낮추지만, 그 나머지는 소멸되지 않고 조직 내로 침투하게 된다. 그러므로 많은 양의 장사슬 지방산 식물성 오일을 먹으면 간에 콜레스테롤이 축적된다. 반면에 코코넛 오일을 먹으면 간과 조직의 콜레스테롤 수위가 떨어지게 된다.[178]

Awad A.B. 박사는 이를 알고자 쥐에게 코코넛 오일 14%, 잇꽃 오일 14%, 5%의 콩기름을 급이한 후 조직에 축적된 콜레스테롤 수치를 관찰하였다.

이 결과에서 잇꽃 오일을 먹은 쥐는 코코넛 오일보다 6배나 더 높게, 한편 지방을 적게 공급 받은 쥐도 코코넛 오일보다 2배 이상 조직에 축적되었다는 것을 밝혔다.[179]

12. 코코넛 오일을 이용한 해독 프로그램

참고로 코코넛 오일을 이용하여 신체의 독성 물질을 제거하는 프로그램을 소개한다. 이 프로그램은 미국의 Mercola 박사에 의해 소개된 것이다. 이 해독 프로그램은 체내의 해로운 균들을 제거하고 소화 기관의 균형을 잡아주며 손상된 부분을 치유하고 특히, 간의 해독에 좋다고 한다.

코코넛 오일을 이용한 해독 프로그램은 소화 기관의 균형을 정상적으로 도와주며 손상된 조직을 치유하여 주는 가장 강력한 프로그램이다.

물만 먹는 단식이나 당분이 들어 있는 채소 주스, 과일 주스 또는 코코넛 액을 이용한 단식보다도 좋은 효과를 보였다.

특히 기존 방법으로 치유가 잘 안 되는 고질적 칸디다 감염 (칸디다증), 염증성 장질환, 궤양성 장질환 및 기타 소화 기관의 문제점 해결에 큰 도움을 준다.

무엇보다 칸디다 감염이나 유해 박테리아의 증식을 원하지 않는다면, 이런 병원균이 영양분으로 이용하는 당분 섭취를 줄여야 한다. 많은 사람들이 채소와 과일 주스로 소화 기능이나 칸디다 증을 개선시키려 하지만, 오히려 당분이 유해 병원균들에게 증식 환경을 제공하기 때문에 효과를 얻지 못한다. 그러나 당분을 먹지 않으면 병원균은 더 이상 증식되지 않으므로 코코넛 오일의 중사슬 지방산이 살균 효과까지 발휘하면 병원균은 활동을 멈출 수밖에 없다. 따라서 코코넛 오일을 섭취하면 유용한 미생물은 늘고 유해 병원균은 줄어들어 소화 기관의 균형을 잡아준다.

코코넛 오일을 이용한 해독 프로그램 수행 중에는 명현 현상으로 몸에서 이상한 물질들이 수시로 배출되는 것을 보고 놀라는 경우도 있다. 몸 속의 독성 물질로 심지어는 성인 남자의 주먹만한 칸디다균주 덩어리가 나오기도 한다.

주스를 이용한 단식의 장점은 소량의 칼로리가 들어있어 과도한 피로를 느끼지 않고 단식을 수행할 수 있다는 점이다. 코코넛 오일을 대상으로 한 해독 프로그램은 별도의 음식이나 칼로리 섭취 없이도 중사슬 지방산으로부터 더 많은 에너지를 얻을 수 있으며 부가적으로 손상된 소화 기관의 치유 효과 및 각종 병원균의 살균 효과까지 얻을 수 있다. 이 프로그램 수행 기간 동안에는 많은 양의 코코넛 오일을 먹어도 전혀 부작용이 없으며, 오히려 치유 효과를 높여준다.

이 프로그램 시행 중에는 독성 물질 배출을 위해 많은 물과 무설탕 레모네이드를 함께 마실 것을 권장한다. 코코넛 오일은 하루에 10∼14테이블 스푼(150∼210ml) 정도 먹어야 하는데 너무 많다고 생각되면 다소 양을 줄여도 되지만 가능한 한 많이 먹어야 이롭다. 섭취한 코코넛 오일은 체내에서 소진되지 않으며 하루 종일 인체가 사용하게 된다.

코코넛 오일은 많은 에너지를 발생시키므로 자기 전에 먹으면 잠들기 힘든 경우가 생긴다. 그러므로 숙면을 위해서는 잠자기 3∼4시간 전에 먹고 가능하면 자주 물이나 무설탕 레모네이드 액을 마셔야 한다.

코코넛 오일은 원액을 스푼에 따라 마셔도 되고 실제로 많은 사람들이 그와 같은 방법으로 먹고 있다. 그러나 비위에 맞지 않는 사람들은 무설탕 레모네이드액을 미지근하게 데운 후 여기에 오일을 넣으면 위에 뜨게 되는데 코코넛 오일(특히 버진 코코넛 오일)의 향과 레모네이드 향이 어우러져 먹기에 한결 편하다.

한 컵의 무설탕 레모네이드 액에 2테이블 스푼의 코코넛 오일을 넣어 약 2시간 간격으로 보통 아침 식사 시간부터 먹기 시작하여 하루 동안 10∼14테이블 스푼의 양을 오후 6시에서 7시까지 먹을 수 있다. 이때 레모네이드에 넣은 코코넛 오일이 비위에 안 맞아 먹기 힘든 사람들은 요구르트와 함께 먹는 방법도 있다. 맛도 좋고 숟가락으로 떠 먹으면 되지만, 요구르트는 무가당, 무향, 유기생균 요구르트여야 한다. 장점은 생균이 있어 유용한 박테리아의 증식을 기대할 수 있다. 명심할 점은 당분은 칸디다 곰팡이 균을 증식시키므로 없어야 한다.

요구르트 혼합 코코넛 오일 조제 방법은 코코넛 오일을 뜨겁지 않은 상태로 만든 다음 요구르트 ¼컵에 코코넛 오일 2테이블 스푼을 넣어 믹서기로 혼합하면 된다. 이때 단맛을 원하면 액상 스테비아 당을 몇 방울 정도 혼합하면 된다. 그리고 코코넛 오일과 혼합한 요구르트를 먹은 후에 무가당 레모네이드를 많이 마시면 효과를 높일 수 있다. 여기에 첨가하여 코코넛 생과육을 먹으면 배출에 필요한 섬유질이 공급되어 장운동을 원활히 할 수 있는데 구하기 어려운 경우는 당분이 없는 다른 섬유질을 먹으면 된다.

이 프로그램은 물, 무가당 레모네이드, 코코넛 오일, 그리고 섬유질만 먹는 방법으로 처음에는 다소 배고픈 느낌이 들 것이다. 그러나, 하루만 지나면 배고픔이 줄어들고 음식이 눈 앞에 있어 먹고 싶은 욕구에 흔들리겠지만, 건강을 위해서는 다소의 인내심이 필요하다.

이 프로그램으로 영양 실조가 되지 않을까 걱정할 우려도 있지만, 몇 개월을 수행하여도 건강에 이상없는 생활을 할 수 있으므로 안심해도 된다.

1) 무가당 레모네이드 만드는 방법

- 신선한 레몬이나 라임 주스 2컵(레몬 약 8개)
- 정수한 물 14컵(미네랄 워터도 됨)

- 필요한 경우 스테비아 당 파우더 1티 스푼
- 해수염 2티 스푼

레몬과 라임은 천연 해독제로 이 해독 프로그램의 주요 목표인 간의 해독에 좋은 효과를 준다. 이 주스에 14컵의 물(정수한 물, 수돗물은 화학 약품이 적용되어 있어 안됨)을 혼합한 후 허브에서 추출한 스테비아 당을 넣는다. 보통 레몬이나 라임 주스는 너무 신맛이 강해 먹기가 힘들다.

스테비아 당은 칼로리가 없고 탄수화물 구조가 커서 소화가 되지 않으며 칸디다 곰팡이 균도 이용할 수 없다. 스테비아 당은 단맛만 느끼게 해주며 소화가 되지 않아 혈당을 높이지 않는다. 소금은 미네랄이 풍부한 천일 해수염을 써야 한다. 보통 1티 스푼이 적당하지만 처음 이 프로그램을 시작하는 사람들은 오줌이나, 땀, 기타 순환기에 의해 손실되는 미네랄들을 충족시키기 위해 추가로 1티 스푼을 더 넣는 것이 좋다. 처음에는 신맛이 많아 단 것을 좋아하는 사람들은 맛이 이상하다고 느끼지만 곧 익숙해질 것이다.

2) 해독 프로그램 시행 방법

코코넛 오일을 이용한 해독 프로그램은 매우 강력하며 소화기의 균형을 잡아주어 즉각적인 건강의 개선을 기대할 수 있다. 보통 3일, 6일 또는 그 이상의 기간을 필요로 하지만 장기적으로 할 경우에는 선험자의 얘기를 듣고 수행하는 방법이 좋으며 7일 이하의 단기 프로그램은 혼자라도 무리가 없다.

대다수 사람들은 3일 프로그램을 여러 번 반복하는데 건강상의 심각한 문제나 질병을 앓고 있는 사람들은 3일 시행 후에 의사와 상태를 확인하고 다시 수행하면 된다. 장기간 이 프로그램을 수행하면 빠르게 장기를 해독 할 수 있는 이점이 있다.

건강에 문제가 있는 사람들은 대개 음식 섭취량이 적어 영양분의 체내 축적이 미미한 상태이다. 이런 사람들이 이 프로그램을 시작 2～4주 전에 준비해야 할 권고 사항이 있다. 방법은 종합 비타민과 미네랄을 매일 섭취하고 신선한 채소와 가공되지 않은 통곡물을 섭취하도록 노력한다. 적어도 하루에 한 번은 채소 샐러드 만으로 식사를 한다.

이때 채소 샐러드에 최소 하루 1～3테이블 스푼의 코코넛 오일을 첨가하면 효과적이다. 또한 모든 당분과 커피, 차, 알콜, 백반, 흰 빵, 밀가루 음식 및 패스트 푸드를 먹지 말아야 한다. 이 프로그램 시작 전에 이렇게 예행 연습을 하면 한결 편하고 쉽게 해독 프로그램을 마칠 수가 있다.

만약 해독 프로그램 시행 중에 소화 기관이 불편하게 느껴지거나 구역질, 요통이 수반되면 적정량의 소금을 섭취하고 많은 양의 물을 마신다. 소금은 매일 몸에서 빠져나가므로 적당량의 소금을 섭취하는 것이 중요한데, 이때 소금의 양이 더 필요하다는 신호는 마신 물이 시원하게 느껴지지 않고 갈증이 날 때이다. 소금은 미네랄의 공급을 위해서 반드시 천일 해수염을 사용해야 한다.

이 프로그램 수행 과정에 명현 현상이 나타날 수 있다. 그러나 빠른 해독 작용으로 나타나는 일시적 현상임을 기억하고 그럴수록 빠른 건강 회복을 위해 인내하고 노력하면 해독 후에는 컨디션이 매우 좋아지게 된다는 사실을 확인하기 바란다.

13. 신장의 질병

신장도 건강과 생명에 필수적인 역할을 한다. 신장의 기본적인 기능은 적절한 혈액의 양과 혈액 구성을 유지시키며 혈액을 걸러 폐기물을 배출한다. 또한 각종 화학적 대사 산물을 보존하며 적절한 혈압을 유지시켜 준다. 무엇보다도 전해질을 조정하며 산도와 혈압 그리고 체액의 균형을 유지하는 역할을 담당하고 있다. 신장 기능이 부적절하면 고혈압을 유발시킨다.

최근 연구에서는 포화 지방과 콜레스테롤이 오메가-3 지방산처럼 신장 기능에 중요한 역할을 하는 것으로 밝혀졌다.

신장은 자체 에너지 이용과 쿠션과 같은 완충 역할을 위해 안정된 지방을 필요로 한다. 신장의 지방은 다른 장기보다도 포화 지방이 더 많이 농축되어 있다.

신장의 포화 지방은 주로 미리스트산, 팔미트산, 스테아르산으로 구성되어 있는데 각종 다중 불포화 지방을 먹어도 신장 내의 높은 포화 지방산 수위는 변하지 않으므로 올레산과 합쳐져서 신장조직에 들어가게 된다(Suarez et al, Lipids 1996 ; 31 : 345 ; Taugbol and Saarem, *Acta Vet Scand* 1995 ; 36 : 93).

실험용 쥐의 신장은 식물성 스테롤, 콜레스테롤 또는 오메가-3 지방산, 오메가-6 지방산에 의해 쉽게 동맥경화가 일어나거나 고혈압으로 발전하는 등 지방산에 매우 민감하게 반응하는 성질이 있어 각종 지방질의 효과를 실험하는데 이용되고 있다.

이 쥐는 콜레스테롤에 민감한 반응을 보여 콜레스테롤이 부족하면 세포막이 약해지고 쉽게 파괴된다. 그래서 식물성 오일에 들어 있는 식물성 스테롤을 먹이면 수명이 짧아진다는 사실을 연구에서 밝혔다(Ratnayake, et al, *J Nutrition* 2000 ; 130 : 1166).

또한 이 쥐는 신장 인지질에 오메가-3과 오메가-6 지방산의 적절한 비율이 필요하여 오메가-3 지방산 없이 오메가-6 지방산을 먹이면 신장이 손상된다. 그러나 오메가-3 지방산이 들어 있는 생선 오일이나 들기름, 아마유 등의 지방산을 급이하면 생존율이 더 길어진다(Miyazaki et al, *Biochim Biophys Acta* 2000 ; 1483 : 101).

오메가-3 지방산은 중요한 지방산으로 인식되어 있으며, 아마유 타입의 오메가-3 지방산 (alpha-linolenic)이 생선 오일 타입의 오메가-3 지방산인 EPA나 DHA로 전환되기 위해서는 코코넛 오일과 같은 포화 지방이 함유된 음식을 먹어야 전환율이 높다. 그러므로 오메가-6 지방산을 많이 먹게 되면 전환율이 떨어지게 되는 것이다(Gerster, *Int J Vitam Nutr Res* 1998 ; 68 : 159).

면역 체계의 기능 저하 (IGA nephropathy) 에 의한 신장 손상은 아마유나 생선 오일 두 형태의 오메가-3 지방산이 좋은 역할을 한다(Kelley, *ISSFAL*, 2000 ; 7 : 6). 그리고 전술한 바와 같이 포화 지방, 특히 코코넛 오일은 신체의 오메가-3 지방산의 이용을 개선하여 주는 역할을 한다.

코코넛 오일이 신장 기능을 도와주는 또 다른 이유는 포화 지방인 14탄소의 미리스트산을 공급하기 때문이다(Monserrat et al, *Res Exp Med* (Berl) 2000 ; 199 : 195).

미리스트산은 G단백질과 그 부속체를 통한 세포막 수용체의 신호 체계와 관련되어 있다. 이와 같은 신호 단백질은 미리스트산과 같은 지방질이 단백질 한쪽 끝에 추가되는 'myristolation'이라고 부르는 과정이 필요하다(Busconi and Denker, *Biochem J* 1997 ; 328 : 23).

그러므로 각종 동물 포화 지방의 섭취와 코코넛 오일을 비롯하여 열대 오일을 먹으면서 아마씨 유를 함께 음용하면 전반적으로 건강에 유익하며 특히 신장 건강이 좋아지게 되며 오메가 -6 지방산이 많이 들어 있는 식물성 식용유와 트랜스 지방산 섭취를 피해야 한다.

신장은 나이가 들면서 그 기능이 점차 약해진다. 신장의 기능이 너무 떨어지면 죽음에 이른다.

한 실험에 의하면 동물에게 신장 기능 부전을 유발시킨 후 관찰하였더니 코코넛 오일을 투여한 쥐는 병의 변이가 더디게 진행되었고 생존 기간은 길었다는 결과를 얻었다. 그리하여 연구자들은 코코넛 오일이 신장에 대해 보호적인 효과를 갖고 있다고 발표하였다.[180]

당뇨성 신장 질환은 당뇨에 의한 사망률을 높여주고 있다. 혈당이 오랫동안 조절되지 않으면 순환에 장애를 일으켜 신장의 미세 모세관에 손상을 입힌다.

그러나 코코넛 오일을 먹으면 신장의 손상이 심하지 않은 경우 치유도 가능하다는 연구 결과도 있으며 옛부터 코코넛 오일은 신장 결석 치료에 이용되었다는 민간 요법이 전해지고 있다. 브루스 파이프(Bruce Fife) 박사에 따르면 영구적인 손상을 입은 환자가 코코넛 오일을 섭취한 후 병세가 중지되는 경우도 있었다고 보고되었다.

14. 피부 건강

코코넛 오일은 식용으로 건강에 탁월한 효과가 있고 동시에 피부 개선에도 좋은 반응을 보인다면 사람들은 반신반의할 것이다. 당연한 생각이다.

코코넛 오일의 짧은 지방산 구조는 피부에 쉽게 흡수되어 부드럽고 매끄럽게 만들어 준다. 한편 건조하고 주름진 피부를 탄력 있게 회복시키는데 이상적이다. 코코넛 오일은 자연 오일 중에 가장 풍부한 중사슬 지방산을 함유하고 있어 땀과 피지와 함께 살균 작용을 하여 피부를 보호한다. 또한 상처나 화상, 각종 피부병에 바르면 치유에 빠른 도움을 주며 주름과 기미, 검버섯 등의 노화 현상 발생을 억제하고 과도한 자외선 노출에도 피부를 보호해 주는 역할을 한다.

이처럼 코코넛 오일의 경이로운 피부 미용과 치료 효과로 화장품을 아예 쓰지 않는 마니아들이 늘어나고 있다.

1) 일반 피부 로션

사람들은 보통 피부를 부드럽고 매끄럽게 만들기 위해 로션을 바르지만, 오히려 피부를 건조하게 만든다. 로션에 들어 있는 성분은 수분으로 건조하고 주름진 피부에 빨리 흡수된다. 흡수된 수분은 일시적으로 피부 조직을 확장시켜 부드럽게 만들고 잔주름을 없앤다. 그러나 수분이 증발되거나 혈액 속으로 흡수되면 피부는 또다시 건조해지고 주름진 상태로 돌아간다. 그러므로 일반 피부 로션은 건조하고 주름진 피부를 근본적으로 개선시킬 수가 없는 제품이다.

약품으로 제조된 로션은 어떤 종류든 간에 대부분 고도로 정제된 식물성 오일을 사용하고 있는데, 이 오일은 피부에 중요한 역할을 하는 천연 항산화제가 가공할 때의 열과 빛, 산소에 의해 산화된 것이다.

2) 피부의 연결 조직

오일은 신체의 모든 조직에 영향을 주지만 특히, 연결 조직(connective tissues)에 많은 영향을 미친다. 연결 조직은 인체의 조직 성분으로 피부, 근육, 뼈, 신경, 모든 내장 기관에 분포되어 몸의 근간이나 형태를 유지시키는 강한 섬유질로 구성되어 있다. 바로 이 연결 조직이 피부를 탄탄하게 유지하며 유연성있게 만드는 역할을 한다.

3) 프리 래디칼에 의한 피부 손상

젊은 피부는 매끄럽고 부드러우며 유연하지만, 나이가 들면서 프리 래디칼의 공격으로 주름지고 늘어지게 된다. 젊은 피부가 건조하고 탄력을 잃는 노화 현상이다. 따라서 피부를 젊고 건강하게 유지하려면 프리 래디칼 현상을 막아야 한다.

프리 래디칼 반응은 몸에서 끊임없이 일어나고 있고 숨쉬고 생존하고 있는 한 피할 수가 없다. 한번 프리 래디칼 반응이 일어나게 되면 연쇄 반응에 의해 자주 발생하게 되며 결국 많은 세포들이 손상을 입는다. 이와 싸울 수 있는 유일한 방법은 항산화제(비타민 A C, E 등)로 프리 래디칼과 접촉하게 하면 연쇄반응이 끝난다. 이런 이유로 세포와 조직에 이용할 수 있는 항산화제를 조직에 많이 보유하고 있으면 피부 노화를 예방할 수 있다. 이 항산화제의 양은 섭취 음식물이 좌우한다. 그러므로 항산화제의 양이 적은 음식을 계속 먹는 사람들은 프리 래디칼의 공격에 더 많은 피해를 입게 되는 것이다.

담배나 공해, 자외선 같은 환경적 요인도 프리 래디칼을 유발시킨다. 농약같은 화학 약품이나 식품 첨가물도 프리 래디칼을 발생시키며 음식과 피부에도 산화된 식물성 오일을 사용하면 많은 프리 래디칼을 초래한다.

가공된 식물성 기름을 먹고 바르면 체내, 피부에서 프리 래디칼이 발생하고 조직에 보유되어 있던 비타민E나 다른 항산화제가 동원되어 이들의 확산을 방어한다. 그러나 추가적인 항산화제의 보급이 없으면 몸 안의 항산화제는 곧 고갈되어 프리 래디칼 발생을 막을 수 없다. 만약 프리 래디칼을 발생시키는 오일을 계속 먹고 피부에 바르면 연결 조직에 영구적인 손상을 입히게 된다. 따라서 피부에 어떤 오일을 바를 것인가를 선택하는 것은 매우 신중해야 한다.

고도로 정제 가공한 식물성 오일을 피부에 바르면 산화로 프리 래디칼의 발생을 유도하여 주름이나 탄력없는 피부를 만드는 노화 현상을 더욱 촉진하는 결과가 된다. 시중의 로션은 일시적으로 피부 개선을 느끼게 할지는 모르지만, 결국 피부 노화를 촉진하고 심하면 피부암을 일으킬 수도 있다.

4) 피부 유연성 테스트

나이가 들수록 피부의 유연성은 떨어지고 탄력을 잃지만, 주름이 생기는 현상은 자연의 섭리이다. 이런 현상은 피부의 노화와 기능 상실을 의미하는 것으로 프리 래디칼에 의해 좌우된다. 피부는 45세 전후에 중요한 변화를 맞는다.

나이에 따라 피부가 얼마나 제 기능을 유지하고 있는지 간단히 알아보는 방법으로 손등을 엄지와 집게 손가락으로 약 5초간 꼬집은 후 피부가 다시 원상복귀되는 시간을 재본다. 원상복귀되는 시간이 짧을수록 피부는 젊은 상태이다.

시간(초)	기능적인 피부나이(년)
1~2	30세 이하
3~4	30~44
5~9	45~50
10~15	60
35~55	56 이상
56 이상	70 이상

피부를 젊게 만드는 가장 좋은 방법은 시중의 로션이나 크림을 바르지 않고 코코넛 오일을 꾸준히 바르는 방법이다.

5) 검버섯

노년기에는 피부에 검버섯이 핀다. 이것은 피부의 지질이 프리 래디칼에 의해 손상되었다는 표시이다. 피부의 다중 불포화 지방과 단백질이 프리 래디칼에 의해 손상되면 기미가 된다. 기미가 피부에 있다면 눈으로 볼 수 있지만 장이나 폐, 신장, 뇌 등에 나타나면 알 수가 없다.

그러나 기미는 프리 래디칼의 공격에 의해 세포가 손상된 부분임을 나타내는 것으로 피부에 기미가 많을수록 신체 내부 조직에도 프리 래디칼에 의해 손상된 곳이 많음을 반증해 준다. 기미의 범위와 크기는 프리 래디칼의 공격을 받았다는 표시이다. 만약 장에 기미가 있다면 음식물의 소화나 흡수에 장애를 줄 것이며, 뇌에 있다면 정신적인 면에 문제가 생기게 된다. 이렇게 프리 래디칼은 내부 장기에도 영향을 주어 여러 가지 형태로 신체 부위에 나타난다. 곧 피부는 장기의 상태를 볼 수 있는 창과 같은 것으로 피부에 나타나는 현상은 바로 신체 내부의 상태와 거의 같다고 보면 된다.

세포는 지방 갈색소 리포푸신(lipofucin)을 스스로 제거할 수 없으며, 나이가 들수록 더 많이 세포에 침착되어 평생 없어지지 않는다.

그러나 올바른 오일을 선택하여 먹고 바르면 더 이상의 산화를 방지·예방할 수 있다. 그러므로 이상적인 로션은 피부를 부드럽게 하는 기능뿐만 아니라 손상으로부터도 보호하고 치유하는 능력이 있어야 하며, 젊고 건강하게 만들고 유지시켜야 한다. 순수한 코코넛 오일은 가장 좋은 천연 피부 보호 및 치유 로션이다.

코코넛 오일은 과도한 태양 노출에 의한 피부 손상이나 기미, 검버섯의 발생을 예방한다. 피부의 연결 조직을 강하고 유연하게 지켜주며 처지거나 주름이 지는 것을 방지해 준다.

초기 피부암의 증상에도 꾸준히 코코넛 오일을 바르면 치유가 가능하다는 연구 결과도 있다. 종합적으로 피부에 더 이상 좋은 무독성 천연 물질은 없을 것이다.

남태평양 원주민들은 거의 옷을 입지 않고 강렬한 태양과 함께 생활하고 있지만 각종 피부 질환에 노출되지 않고 아름다운 피부를 갖고 있다. 매일 코코넛 오일을 먹고 발라서 그 지방 성분이 피부 연결 조직의 세포 구조 깊숙히 자리잡고 있어 연결 조직의 손상을 미리 방어하고 있기 때문이다. 많은 돈을 지불하고 피부에 영구적인 손상을 주는 물질에서 벗어나 코코넛 오일을 바르면 피부는 더 젊고 건강하게 유지될 것이다.

6) 맑고 깨끗한 피부

코코넛 오일은 피부가 맑고 깨끗하고 젊어 보이게 만든다. 우리의 피부 표면은 죽은 세포들로 덮여 있다. 죽은 세포들이 떨어져 나가면 새 세포들이 나오는데, 나이가 들수록 교체 시간이 길어지면서 미처 제거되지 못한 죽은 세포가 피부를 거칠게 만든다.

코코넛 오일은 죽은 세포를 빨리 제거해 주며 피부를 부드럽게 만들어 더 건강하고 젊어 보이도록 도와준다. 코코넛 오일을 바르면 피부가 윤택해 지고 빛나게 보이는 것은 건강한 세포들로 계속 교환되어 빛이 피부 조직에서 일정하게 반사하도록 작용하기 때문이다.

코코넛 오일을 스킨 로션으로 사용하는 두 가지 중요한 장점은 바로 이 죽은 피부 세포의 신속한 제거와 피부 연결 조직을 강화하는 데 있다. 젊은 사람들도 가끔 피부가 건조해지고 각질이 두꺼워지면서 피부에 문제가 발생하는데, 이때 코코넛 오일을 사용하면 즉시 개선되며 계속 바르면 지속적인 효과가 나타난다.

7) 소량으로 자주 발라라

코코넛 오일을 소량으로 가능하면 자주 바르는 것이 좋다. 처음에는 번질거리는 느낌이 들지만, 다른 로션과는 달리 신속하게 피부에 흡수되어 끈적거림이 없다. 코코넛 오일을 한꺼번에 너무 많이 바르면 피부가 포화되어 잘 흡수되지 않으므로 특히 건조한 피부를 가진 사람들은 가능한 한 소량으로 자주 발라야 효과를 얻을 수 있다.

피부를 촉촉하게 보이게 하기 위해 사람들은 일반 로션을 많이 바르는 오히려 피부가 더 건조해지거나 유연성이 없어진다. 이런 사람들은 처음 코코넛 오일을 사용하면 흡수가 너무 빨라 보습 효과가 없다고 생각할지도 모른다.

그러나 코코넛 오일은 소량으로 자주 바르면 건조한 피부를 구제하는데 좋은 효과를 얻을 수 있다.

코코넛 오일의 효능은 점차적으로 각질을 제거하며 새롭고 건강한 조직을 생성시켜 부드럽고 깨끗한 피부로 만들어 준다. 피부가 건조한 사람들은 다량의 코코넛 오일을 피부에 바른 후 비닐 랩 등으로 씌우고 아침에 닦기를 몇 차례 반복하면 좋은 결과를 얻을 수 있다.

8) 피부의 항균 작용

코코넛 오일은 피부 질병이 발생하지 않도록 예방한다. 코코넛 오일의 중사슬 지방산의 항균 작용으로 피부 곰팡이나 박테리아, 바이러스에 의해 발생할 수 있는 질환을 막아주는 역할 때문이다. 늘 코코넛 오일을 사용하는 남태평양 원주민들은 각종 피부 질환이나 여드름 등이 거의 없는 것으로 알려져 있다.

피부는 끊임없이 침투해 오는 수 백만의 병원균들로부터 신체를 보호해 주는 방어벽 역할을 담당하고 있다. 심한 화상의 예에서도 알 수 있듯이 피부가 없으면 감염에 의해 생명을 잃게 된다. 병원균은 입과 코 등을 제외하면 피부를 통해야 인체 내부로 침투할 수 있는데 피부 건강이 약해지면 여드름, 버짐, 헤르페스, 무좀, 부스럼, 종기, 사마귀 및 기타 감염성 질병에 쉽게 걸리고 혈액을 통해 신체 내부까지도 공격을 받게 된다.

피부는 신체의 외부 보호막으로서 화학적인 보호 역할을 하여 대부분의 유해한 병원균을 죽여 피부가 감염이 되지 않도록 만든다. 그러나 위험한 병원균이 많은 물질에 노출되면 피부의 물리적, 화학적 방어에도 불구하고 병원균에 감염된다.

세균 감염으로부터 피부 보호를 위한 화학적 역할을 담당하는 조직은 피부의 산성 피막이다. 건강한 피부는 약 PH5도의 약산성을 유지하고 있다. 이는 땀(uric acid, and lactic acid)이 만들어 주며 따라서 땀과 지방은 피부 건강에 매우 중요한 요소이다. 피부에서 생산하는 기름을 피지라고 부르는데, 이 피지는 피부의 모근에 위치한 피지샘에서 분비된다.

이 피지의 역할은 아주 중요하여 피부와 머리카락을 부드럽게 유지하고 피부가 건조하게 되거나 갈라지는 것을 막아준다. 이 피지에는 중사슬 지방이 함유되어 있어 항균 작용을 한다.

피부에는 많은 미생물들이 살고 있다. 대부분의 미생물은 해가 없으며 피부 건강에 이로운 것도 있다. 이들 중에서 'Lippoph -ilic'이라는 박테리아는 피부의 건강한 환경 조성에 필수적이다.

이 박테리아는 글리세롤 분자를 먹고 사는데, 이에 결합된 중사슬 지방산인 트리글리세라이드를 분해하여 준다. 이 박테리아에 의해 글리세롤이 제거되면 각 지방산은 유리 지방산으로 바뀐다. 중사슬 지방산이라도 트리글리세라이드 상태에서는 항균효과가 없지만 유리 지방산으로 분해되면 강력한 항바이러스, 항박테리아, 항곰팡이 역할을 하게 되는 것이 특징이다.

이렇게 피부는 화학적 약산성 상태와 중사슬 지방산으로부터 공급된 유리 지방산으로 유해한 미생물의 감염을 막는 역할을 한다. 지구상의 거의 모든 포유류가 바로 이 중사슬 지방산의 항균 역할로 각종 감염으로부터 스스로를 보호하고 있다.

타액도 피부의 살균력이 증가하도록 도와주는데, 침에는 'lingual lipase'라고 부르는 효소가 중사슬 트리글리세라이드를 각각의 지방산으로 분해하는 초기 역할을 한다. 보통 섭취하는 지방의 형태인 식물성 식용유의 장사슬 트리글리세라이드의 분해를 위해서는 추가적으로 위산과 췌장 효소가 필요하다.

사람도 개인에 따라 양은 다르지만, 피지선 내의 유용한 박테리아의 지방 분해 작용으로 피부와 머리카락의 지방에는 40~60%의 유리 지방산이 있으며 이 중에서도 중사슬 지방산들이 피부 보호막을 형성하여 살균 작용을 한다. 피지의 항균 작용은 1940년대부터 알려지기 시작했는데, 두부 백선 곰팡이(일명 기계충)가 잘 발생하는 빈곤층의 아이들에게 피지의 분비를 높여 주었더니 나았다는 것이 연구의 시발점이었다.

이런 피지의 중사슬 지방산과 똑같은 성분이 가장 많이 들어 있는 자연 물질이 바로 코코넛 오일이다. 코코넛 오일은 트리글 리세라이드의 형태로 그 자체는 살균력이 없지만 섭취하면 침과 위액의 작용으로 유리 지방산으로 변하며 체내에서 강력한 항균 작용을 한다. 또 한편 피부에 바르면 피지선 박테리아에 의해 유리 지방산으로 분해되어 항균 작용에 효과적이다.

9) 비누로 씻은 후의 피부가 가장 취약하다

비누로 목욕을 하거나 씻으면 피부의 약산성 오일 막이 제거 된다. 그래서 목욕 후에는 피부가 당기거나 건조하게 된다. 목욕이나 세안 후 바르는 일반 보습 크림 등은 일시적으로 피부를 부드럽고 촉촉하게 만들지만 씻기 전에 피부를 보호하던 오일 막이나 산성 피막을 대신할 수는 없다. 바로 이때의 피부가 균의 침투에 가장 약한 상태이다. 얼굴이나 몸의 피부에 염증이 있을 때 비누로 자주 씻으면 오히려 그 상태가 나빠지는 경우를 경험한 적이 있을 것이다. 대부분 사람들은 비누로 깨끗이 씻었으니 균은 없을 것이라고 생각하지만, 사실 균은 공기나 옷, 어디에나 항상 존재하고 있으므로 씻은 후 화학적 보호막이 없는 피부는 병원균의 공격을 받기 쉬운 무방비 상태이다. 그러므로 목욕 후에는 피지와 산성 피막을 빨리 만들어 주어야 하는데, 가장 좋은 방법은 즉시 코코넛 오일을 발라 주는 것이다. 코코넛 오일의 분해된 중사슬 지방산이 병원균으로부터 신속하게 피부를 보호하여 감염을 예방하여 주기 때문이다.

10) 좋은 머릿결과 비듬

헤어 전문가들은 간편하게 머릿결을 부드럽고 윤기가 있게 만드는 방법으로 코코넛 오일을 권유한다. 코코넛 오일을 머리에 바른 후 두 세 시간 동안 수건 등으로 감싸고 있다가 머리를 감으면 그 효과를 바로 알 수 있다. 코코넛 오일의 또다른 좋은 효과는 비듬을 없애 주는 것이다. 여러 가지 화학 약품을 넣은 비듬을 예방한다는 샴푸나 약들이 시판되고 있지만, 사용해 보면 광고 문안대로 비듬이 잘 없어지지 않고 재발을 경험했을 것이다. 비듬을 없애는 방법으로 잠자기 전에 코코넛 오일을 두피에 골고루 바른 후 수건을 두르고 취침한 후 아침에 머리를 감기를 몇 번 반복하면 비듬이 사라진다.

코코넛 오일은 다른 약이나 샴푸처럼 인체에 해가 되는 성분이 전혀 없는 천연 모발 미용 오일이므로 화학적 독성 물질이나 부작용에 대해 걱정할 필요가 없다.

코코넛 오일은 천연 그대로의 식물성 오일이다. 어떤 화학 성분이나 농약도 함유되어 있지 않고 이미 오랫동안 비누나 샴푸, 보디 로션 재료로 사용되어 왔다. 코코넛 오일의 작은 분자 구조는 피부에 쉽게 흡수되며 피부와 머리카락을 부드럽고 매끄럽게 만든다. 코코넛 오일은 메마르고 주름지고 거친 피부를 치료하는 무독성 로션이다. 많은 사람들이 겨울에 입술에도 바르는데 이는 코코넛 오일이 순수한 자연 물질인데다 무독성이기 때문이다.

평생동안 해풍과 햇빛에 노출이 되는 환경에 살고 있으면서도 전세계적으로 아름다운 피부와 머릿결을 유지하고 있는 남태평양 지역 여인들의 부드럽고 매끄러운 피부와 머릿결은 코코넛 오일의 미용효과를 나타내는 살아 있는 증거라고 할 수 있을 것이다.

11) 빠른 치유 효과

코코넛 오일의 중사슬 지방산의 항균 작용은 학문적, 임상적으로 그 효과가 증명되어 이미 실생활에 이용이 되고 있지만, 피부에 바르면 신비로운 치유 효과가 나타난다.

작업 중에 다친 손가락 끝의 피멍은 오래 간다. 그러나 코코넛 오일을 상처 보호제로 발랐더니 그 멍이 몇 시간 안에 적어졌다고 한다. 보통은 그 정도로 치유되려면 열흘 이상 지나야 하는데 치유가 빨리 진행된 것이다.

누구나 코코넛 오일의 섭취가 건강에 유용할 것이라는 것을 다소는 수긍하겠지만 피부의 상처를 빨리 치유한다는 효과에 대해서는 다소 의구심이 들 것이다.

'아침에 일어나자 목의 근육통 때문에 고개를 돌리지 못해 파스를 붙였지만 종일 아프고 불편해서 고통스러웠는데, 잠자리에 들기 전 코코넛 오일을 바르고 간단히 맛사지를 했더니 30분 후에 감쪽같이 증상이 사라졌다.'

'치질로 약을 복용하였으나 고통이 심해 감염된 부위에 발랐더니 다음 날 부기가 가라앉고 통증이 사라졌다.'

'온몸의 건선으로 20년 동안 어떤 처방에도 낫지 않아 줄곧 시달리다가 전문가의 충고대로 가공 식품 섭취를 줄이고 설탕과 식물성 식용유의 섭취를 줄여 상태가 다소 호전되었으나 완치에 이르지 못하고 있다가 코코넛 오일을 먹고 바르기 시작했더니 며칠 만에 좋아지면서 완치를 보았다.'

'여드름 문제로 처방대로 레틴-A(Retin-A)라는 크림을 바르다가 친구의 권유로 코코넛 오일을 사용하였더니 레틴-A를 바른 것과 같은 효과가 나타나 지금은 코코넛 오일만 바르고 있다. (레틴-A 크림은 여드름이나 피부 트러블은 막아주지만 햇빛에는 과민해서 피부가 쉽게 타거나 피부암으로 발전될 수 있는 부작용이 있어 의사의 처방이 반드시 필요한 연고이다).'

주위에서 코코넛 오일을 바르고 빠른 치유 효과를 본 사람들이 하는 얘기들이다. 코코넛 오일을 바르면 외상은 물론 피부질병에 빠른 치유 효과를 보여준다. 왜 상처 치유에 코코넛 오일이 탁월한 효과를 나타내는가 확인되지는 않았지만 중사슬지방산이 각 세포의 대사율을 높여주기 때문이라고 추정 되는데 세포의 대사율이 높아지면 상처난 조직의 독소 제거, 항균, 세포의 빠른 교체 작용으로 치유 효과를 나타낸다. 즉 중사슬지방산은 세포들에게 더 많은 에너지를 공급하고 대사율을 높여 치유 능력이 활성화된다.

12) 염증 진정

코코넛 오일의 외용 효과 중에 가장 특이한 점은 염증을 진정시키는 것이다. 이에 대한 연구 논문은 거의 없지만, S.Sadeghi 박사는 코코넛 오일이 인체의 염증을 촉진하는 화학 물질을 줄

여준다고 발표하고 각종 급만성 염증의 치료에 유용할 것이라는 결론을 내리고 있다.[181]

이와 같이 코코넛 오일을 섭취할 경우 소화 기관의 염증과 관련된 대장염, 궤양, 간염, 치질 등은 이 무독성 천연 오일에 의해 치료된다는 입증과 다중 경화증, 관절염, 낭창, 정맥염 등 혈관을 경화시키고 심장병으로 발전하는 각종 염증을 구제할 수도 있다는 사실은 전술한 바와 같으며 피부에 바를 경우에도 피부 염증을 진정시키는 효과가 있다.

염증은 미생물에 의해 발생되는 경우도 있으며, 대부분의 궤양은 박테리아의 작용이라고 한다. 혈관 질병이나 심장병도 바이러스나 박테리아에 의해 발생하며, 간염 역시 간 바이러스에 의해 발생한다고 알려져 있다. 이때 코코넛 오일을 섭취하면 항균 작용이 미생물들의 공격으로 인한 각종 염증을 구제하고 이에 따른 통증을 줄인다. 코코넛 오일은 약초 메디아로서도 가장 좋다. 마늘 기름 연고는 무좀에 특효이다. 마늘 기름은 빛과 온도에 민감하여 만든 후 냉장 보관하여야 한다.

13) 자외선

코코넛 오일은 과도한 자외선으로부터 피부를 보호하고 검버섯을 예방한다. 장시간 피부를 태양에 노출시키면 건조한 피부와 주름의 원인이 된다. 코코넛 오일은 선 블록 크림처럼 자외선을 차단하는 것이 아니라 자외선에 피부가 손상되지 않도록 만들어 주면서 피부의 비타민D의 합성을 방해하지 않는다. 이런 이유로 코코넛 오일은 많은 선 블록 크림과 선텐 크림의 성분으로도 많이 이용되고 있다.

코코넛 오일은 식용에서부터 피부 미용, 질환에 이르기까지 천혜의 건강 오일이다. 꾸준히 코코넛 오일을 피부에 바르면 피부 감염 예방은 물론 질병 치유에도 도움이 되고 노화를 막아 항상 건강하고 싱싱한 피부를 유지할 수 있다.

15. 만성피로

만성피로 증후군에 유용한 도움을 주는 식품은 코코넛 오일이다. 최근에 만성피로 증후군이 심각한 질병으로 인식되기 시작했는데, 그 원인은 아직 밝혀지지 않고 있어 전 세계인의 건강을 위협하고 있다.

이 만성피로 증후군은 극심한 피로감과 함께 각종 질환으로 발전되는데, 근육에 힘이 없고, 두통과 기억력 감퇴, 정신 장애, 염증 재발, 미열, 림프선이 붓고 심한 갈증을 느끼기도 한다. 육체적 활동이 줄어들고 우울증이나 과민성의 공격적 행동, 현기증, 가려움증, 알러지, 자동 면역 증상 등이 6개월 이상 지속되면 만성피로 증후군을 의심해 봐야 한다.

코코넛 오일을 먹으면 원인이 무엇이든 간에 중사슬 지방산이 조직에 흡수되어 에너지로 바뀌어 대사율을 올려주며 지속시켜 만성피로에 많은 도움을 준다.

16. 치아 우식증

옛날 농부들은 가축을 살 때 치아와 구강 상태를 살펴보고 가축의 건강을 측정하였다. 이는 사람에게도 마찬가지여서 치아가 불량하고 구강염이 많으며 백태가 자주 끼면 심장병에 걸릴 확률이 높다. 그 이유는 구강과 치아의 세균들이 혈액에 들어가 이를 방어하기 위한 인체 작용으로 혈전을 발생시키기 때문이다. 많은 연구들이 중사슬 지방산과 모노글리세라이드 추출물이 동물 실험에서 치아 우식증에 긍정적인 치료 효과를 보여주었고, 한 연구에서는 이 물질들의 항균 작용으로 치아 우식증이 최대 80%까지 감소되었다고 보고하고 있다.[182] 실제로 주위에서도 구취나 잇몸 질환, 충치를 앓고 있는 사람들이 코코넛 오일 섭취 후 그 증상이 많이 감소하였다고 말하고 있다.

17. 전립선 비대증(BPH)

일반적으로 나이가 들면서 남자의 전립선은 비대해진다. 의사들은 이를 전립선 비대증(Benign Prostatic Hyperplasia) 또는 전립선 확장증(hyper trophy)이라고 부르는데, 미국의 60대 남성의 절반, 70대와 80대는 90% 이상이 이런 전립선 비대 증상을 보이고 있다.

이 BPH의 정확한 원인은 알려져 있지 않지만 이론적으로는 전립선의 테스토스테론으로부터 나온 DHT(dihydrotestosterone)라는 물질에 초점을 맞추고 있다. 연구 결과 이 스테로이드 물질이 바로 전립선의 크기와 조절 기능 해결의 실마리가 될 수 있는 것으로 나타났는데, 나이 든 사람들은 혈액의 테스토스테론 수위가 조금만 높아져도 이 DHT를 축적하게 되고 이것이 전립선의 비대를 촉진시킨다.

DHT는 효소(5-alpha-reductase)의 작용에 의해 테스토스테론에서 생산되므로 이 효소를 억제하는 구성 물질이 전립선 비대증에 효과가 있음을 증명하고 있다. 사람의 스테로이드 이소 효소(5-alpha-reductase) 억제제를 동물에 실험한 결과 이 효소를 억제하는 물질이 전립선 확대증을 치료하는데 유용한 것으로 나타났다.

BPH를 치료하기 위한 전통적인 식품은 톱야자 오일이었다. 톱야자는 1700년대 초에 미국 플로리다 반도 원주민들이 고환 위축증, 발기 부전, 전립선염에 치료에 사용했다는 기록이 있다.[183]

톱야자의 정제되지 않은 중사슬 지방이 전립선 상피와 기조직에 이소 효소(5-alpha-reductase) 작용을 억제하는 것을 실험으로 규명하였지만,[184] 연구자들은 더 이상적인 항안드로겐제를 찾고 있다. 톱야자 열매와 마찬가지로 코코넛 오일이 함유하고 있는 중사슬 모노글리세라이드가 전립선 비대증이나 여성의 조모증 또는 그와 유사한 증상에 치료약으로 사용이 가능할 것으로 보인다.

18. 후천성 면역 결핍증(HIV)

중사슬 지방산은 홍역이나 헤르페스(HSV-1), vesicular stoma-
titis virus(VSV), visna virus, cytomegalo virus(CMV) 뿐만 아니
라, HIV 바이러스에도 항균 작용을 한다. HIV 음성인 환자는 이
런 각종 바이러스 감염의 위험이 더 높다.

예로 HIV 양성 환자들은 싸이토메갈로 바이러스의 감염으로
더 심각한 증상을 일으킨다. 그래서 HIV 음성 환자에게 항바이
러스 작용이 있는 모노라우린이나 이를 생산하는 라우르산을
이용하면 추가적인 바이러스의 감염을 막는데 도움이 될 수 있
을 것이다.[185]

1999년, 세계 최초로 필리핀 산 라자로 병원에서 22~38세의
에이즈 환자 14명을 대상으로 코코넛 오일을 임상 실험하였다.
이들은 항 HIV 치료를 받을 수 없는 상황의 환자들로 약 6개월
간 실험이 진행되었는데, 일부는 코코넛 오일을 하루 3.5테이블
스푼 섭취시켰고 일부는 코코넛 오일의 순수한 라우르산으로
만든 모노라우린을 섭취시켰다.

실험 결과 8명이 바이러스 수가 감소하였고, 5명이 백혈구의
증가를 11명은 체중이 느는 등 좋은 결과를 나타냈다.[186]

코코넛 오일 또는 모노라우린이 에이즈 환자에게 긍정적인 효과가 있다는 발표는 아직 조직적인 연구가 부족하고 연구 기간이 짧은 실정이다. 코코넛 오일의 항바이러스 역할이 일반적인 에이즈 환자의 장내 싸이토메갈로 바이러스 감염 상태를 줄인다는 정도와 영양 흡수가 좋아졌다는 것을 위의 연구가 보여주고 있지만, 추가적인 코코넛 오일의 중사슬 지방산에 대한 에이즈의 연구가 계속 진행되고 있으므로 좋은 결실이 기대된다.

19. 모유와 신생아의 영양

세상의 모든 자연 음식 중에 가장 중요하고 완벽한 것이 있다면 건강한 여자의 모유일 것이다. 모유는 아기의 성장에 필요한 비타민의 결합과 미네랄, 단백질, 지방들이 함유되어 있는 의심할 바 없이 완벽한 영양을 갖추고 있는 자연의 경이적인 물질이다. 아기는 모유를 통해 영양분뿐만 아니라 항체 및 귀의 감염과 같은 유아의 병을 방어할 수 있는 성분도 전달받게 된다.

모유를 먹은 아이들은 건강한 치아와 턱을 갖고 있으며 알러지가 적고 소화 기능도 활발하다. 그 뿐만 아니라 질병에 대해서도 적응력이 강하고 지능도 높다고 한다. 그러므로 연구자들은 이 모유와 똑같은 유아식을 만들려고 노력하는 것이다.

모유에서 가장 중요한 것은 중사슬 지방산인데 기본적으로 라우르산(Lauric acid)이 바로 그것이다. 라우르산은 코코넛 오일에 주로 함유되어 있는 포화 지방산으로 모유의 라우르산과 같은 성분이고 영양분의 흡수를 개선하고 소화 기능을 도우며 혈당을 조절하며 유해한 미생물로부터 유아를 보호하는 역할을 한다.

이렇게 유아의 발달되지 않은 면역 체계는 모유의 중사슬 지방산이 갖고 있는 항균 효과로 도움을 받는다. 무엇보다 중사슬 지방산과 같은 특수한 항균 지방산이 모유에 없다면 아기의 생존에 많은 문제점이 생길 것이다. 영양 부족이 되거나 병원균에 노출되면 대책이 없기 때문이다.

저체중 출산 유아를 대상으로 각종 식물성 기름과 코코넛 오일을 첨가하여 체중의 추이를 관찰한 연구에서 코코넛 오일을 먹은 아기들의 체중이 늘었다는 결과에 이어 일반 식물성 기름을 첨가한 아기들은 소화 기관에서 흡수하지 못한다는 것은 이미 전술한 바와 같다.

중사슬 지방산은 필요한 영양분의 흡수를 돕고 각종 지용성 비타민과 미네랄, 단백질 흡수를 개선하는 효능이 있다.

한때 산업계에서 중사슬 지방산(MCT)인 카프릴산 75%와 카프리산 25%의 비율로 혼합한 중사슬 지방산을 분유에 첨가하여 판매한 일이 있었는데 이들 두 가지 중사슬 지방산은 항균 작용이 있지만 중사슬 지방산에서 항균 작용 역할로 가장 중요한 라우르산보다는 못하며 당시에 라우르산은 경제적인 이유로 첨가시키지 않았다. 이 라우르산은 자연적으로도 모유에서 가장 많이 발견되는 지방산이다. 코코넛 오일의 라우르산 함유율은 모유와 거의 대등하다.

모유도 수유자의 건강에 따라 그 질이 다르다. 임신 기간과 수유 기간 중의 섭생이 모유의 질을 결정하게 된다. 일례로 트랜스 지방 등의 독성 물질을 임산부가 먹으면 모유에서도 그 물질이 나와 아기에게 전달된다. 정상적인 모유의 지방산 구성은 45~50%가 포화 지방산이고, 약 35%가 단일 불포화 지방산, 15~20%가 다중 불포화 지방산이다. 포화 지방은 대부분 중사슬 지방산이어야 하는데 유감스럽게도 최근 대부분의 모유는 그렇지가 않다. 만약 모유에 이런 중사슬 포화 지방산의 함유량이 적으면 아기는 영양 결핍이 되어 질병에 취약하다.

우유와 유사한 유제품 및 건강한 지방을 섭취하지 않은 모유에는 항균 기능이 있는 중사슬 지방산이 3~4% 밖에 함유되어 있지 않다. 이를 해결하는 방법으로 코코넛 오일을 하루 3테이블 스푼(약 45ml) 정도 수유자가 음식에 혼합하여 먹으면 14시간 안에 모유의 중사슬 지방산 함유량은 3.9그램에서 9.6그램으로 올라가게 된다. 이때 당연히 카프릴산이나 카프리산과 같은 다른 중사슬 지방산의 함유량도 높아지게 된다.

임산부는 출산 후의 원활한 모유 생산을 위해 그 영양분으로 지방을 체내에 축적하여 보관하는데 출산 후에 먹는 음식과 함께 축적된 지방을 이용하여 모유를 생산한다. 출산 전에 항균 기능에 특히 중요한 라우르산과 카프리산 두 가지 중사슬 지방산을 매일 먹으면 아기에게 최대의 중사슬 지방산을 공급 할 수 있게 된다.

이렇게 하면 모유에는 포화 지방의 형태로 약 18% 정도의 라우르산과 카프리산이 들어 있게 된다. 그러나 중사슬 지방산의 섭취가 모자라면 모유에는 약 3%의 라우르산과 1%의 카프리산

만 들어있게 된다.[187]

수유자가 코코넛 오일을 섭취하면 아기의 영양 흡수 및 소화율을 높여주어 아기의 성장과 발달을 촉진하고 각종 항균 기능으로 아기를 병원균의 감염으로부터 보호한다.

20. 기생충

기생충은 촌충과 회충같은 충류(worms)와 원형동물인 단세포생물(protozoas)의 두 그룹으로 분류된다. 기생충에 감염되면 소화 체계에 큰 영향을 받게 되는데, 대개 위생이 열악한 저개발 국가의 문제라고 가볍게 생각할 수도 있지만 선진국인 미국과 캐나다에서도 이런 기생충에 감염되는 사람들이 아직도 많다는 점에 유의해야 한다.

회충이나 촌충 같은 충류 기생충은 별로 문제가 안 되지만 단세포 원형동물에 감염되면 심각한 건강상의 문제를 일으킨다. 이들은 흐르는 물이나 호수 등의 지표수, 심지어는 살균 처리된 수돗물에도 생존하고 있다.

단세포인 크립토스포르디움(Cryptospordium)이나 지아르디아 람블 편모충(giardia lamblia) 같은 원형동물은 외부에 단단한 보호막을 갖고 있어서 살균제에도 죽지 않으며 크기가 작아 미세한 필터를 사용해야 걸러 낼 수 있다. 수돗물에 표준 규격이 있지만 처리 과정에서 원형동물을 확실히 제거했다는 보장이 없는 형편이다. 원형동물은 특히 면역력이 약한 노약자나 어린아이, 후천성 면역 결핍증 환자에게 쉽게 감염된다.

지아르디아 람블 편모충과 크립토스포르디움은 포유류의 소화 기관에 살고 있다. 따라서 식수원이 동물의 배설물에 오염되면 바로 생물체도 오염된다.

미국의 경우도 강과 하천, 시냇물의 원형동물 오염율이 65~97%에 이르고, 처리된 수돗물도 약 50% 정도가 오염된 것으로 나타나고 있다. 아프리카나 아시아, 남미에서는 물론 편모충의 문제가 더 심각해서 20대 감염 질병으로 분류되고 있을 정도이다. 람블 편모충은 미국에서도 가장 많이 감염되는 기생충으로 매년 200만 명 이상이 이 편모충 감염 증상을 보인다고 한다.

1993년에 미국 밀워키에서 수주 동안 수돗물이 오수에 오염된 일이 있었는데, 이때 100명이 감염으로 사망하고 40만명 이상이 위경련, 설사, 고열 등에 시달렸다고 한다.[188]

국내의 포낭 양성률은 약 0.5% 정도라 한다. 여행 중에 설사를 일으키는 가장 중요한 원인으로 알려져 있고, 역시 수인성 전염이 흔하다. 동성 연애자가 감염률이 높으며 동물이나 사람의 변을 통해 감염될 수 있으며 가축이나 애완 동물도 보유 숙주다.

사람의 소장 특히 십이지장에 기생하며 크기는 4.5~21μm 정도이다. 편모충은 모든 지표수와 수돗물, 수영장 등에 생존할 수 있으며 사람의 피부 접촉으로도 감염이 될 수 있다. 즉 성적인 접촉, 위생이 나쁜 사람과의 접촉, 손과 입을 통한 접촉, 요리사들이 손을 깨끗하게 씻지 않았을 경우, 신발에 묻은 동물의 오물을 통해서도 감염된다. 비록 감염으로 극심한 증상이 당장은 나타나지 않더라도 이에 감염되어 있는 경우도 있으므로 주의해야 한다.

미국의 존스 홉킨즈 의과 대학 연구에서는 입원 환자 전체의 혈액을 검사한 결과 무려 20%가 기생충에 대한 항체를 갖고 있다는 결과를 얻었다. 또한 아기 기저귀를 만지는 간호사들이 더 많이 편모충에 감염 되어 있다는 연구도 있다.[189]

람블 편모충의 감염 증상은 감기, 과민성 대장 증후군(IBS), 알러지, 만성피로 증후군으로 오진되기도 하는데 급성은 다음과 같은 증상들 중 한 가지 이상이 심하게 나타난다.

> 설사 / 병에 걸리기 전 으스스한 한기 / 무력 / 복부 경련 / 체중 감소 / 구토 / 두통 / 식욕 부진 / 복부 팽만감 / 복부 가스 / 변비 / 발열

특히 편모충 감염은 치료를 받은 후에도 소화 기관 내벽이 손상되어 수년 동안 후유증을 일으키기도 한다. 우유 등 음식 알러지, 손상된 내장 벽 조직을 통해 독성 물질과 세균 및 소화되지 않은 음식물이 혈액 속으로 들어가는 장투수 증후군(leaky gut syndrome) 현상이 나타나기도 하며, 자동 면역 체계를 가동시켜 알러지의 전형적인 증상인 코점막염, 통증, 두통, 종기, 만성 염증 등을 일으키기도 한다.[190]

편모충 감염으로 장의 균형이 깨지면 과민성 대장 증후군의 증상이 나타나는데 한 연구에서 만성 설사, 변비, 복통, 복부 팽만으로 입원한 환자들을 조사한 결과 절반 정도가 바로 이 편모충 감염이 원인이었다고 한다. 여기서 문제는 편모충 감염 환자들이 병원에서는 거의 모두 과민성 대장 증후군으로 진단, 분류

되었다는 것이다.

급성 편모충 감염 또는 그 후유증으로 인한 소화 기관의 약화는 중요한 영양분의 흡수를 막아 만성피로 증후군을 유발시키지만 진단이 잘못되면 그 원인을 알 수 없어 치료가 힘들다. 어떤 연구에서 실제로 만성피로 증후군으로 치료받고 있는 환자들을 정밀 조사하였더니 약 46%~61%가 편모충 감염이 그 원인이라는 것이 밝혀졌다.[191]

동물의 실험에서도 코코넛 오일의 중사슬 지방산은 이 편모충의 감염에 대해 효과적으로 방어를 한다는 것이 밝혀졌다.[192] 매일 일정량의 코코넛 오일을 먹으면 중사슬 지방산들이 이런 편모충들을 죽일 수 있다. 또한 코코넛 오일은 음식이나 피부를 통해 흡수가 된 후 에너지로 빨리 전환되어 만성피로 증후군에도 도움을 준다.

인도에서도 두피의 충류와 내장의 기생충을 제거하는 민간 요법으로 코코넛 오일을 옛날부터 이용하여 왔다.[193]

chapter 5
식물성 식용유에 대한 진실

1. 식물성 식용유의 탄생 – 건강의 재앙

1) 식물성 식용유의 탄생과 질병 증가

지금 우리가 먹고 있는 콩 기름 등의 식물성 식용유는 제2차 세계 대전 전까지만 해도 페인트나 칠의 원료로 사용되었다는 사실을 알고 있는가?

많은 사람들은 지금의 가공된 식물성 식용유가 고대로부터 인류가 먹어 온 건강한 오일이라고 착각하고 있다.

1900년대 초반까지도 서구에서는 돼지 기름이나 우지, 버터 등의 동물성 포화 지방과 코코넛 오일 등의 열대 식물성 지방을 요리에 주로 사용하였다고 한다.

그런데 어느 날 화학자들이 그 동안 페인트 원료로 쓰던 식물의 씨에서 짜낸 오일보다 훨씬 저렴한 비용으로 칠의 원료를 만드는 방법을 발견하게 되었다.

석유에서 뽑은 광물성 기름이었는데 이의 여파로 당시 미국에서는 수 많은 농민과 관련 대형 공장들이 생존 위기에 봉착하게 되었고 마침 같은 시기에 축산업자들은 남아 도는 값 싼 콩과 옥수수를 동물에게 먹이로 주었더니 더 적은 양으로도 가축이 살찌는 것을 발견하게 되었다.

물론 이 곡물을 먹은 가축들은 갑상선 기능이 억제되어 살이 찌면서 암과 다른 질병의 발생이 높아져 생존율이 떨어지게 된다는 사실을 알았지만 채산성을 높여 주므로 결국 작물은 사료로 팔리게 되었다.

거대한 소비 시장으로 식용유 판매량을 확대하려는 농민들과 산업계는 정치권과 결탁하여 왜곡된 연구들과 기획성 연구를 근거로 식물성 식용유가 건강에 좋다며 대대적인 언론 캠페인과 지속적인 광고를 통해 기존의 건강한 포화 지방을 결국 시장에서 몰아냈다. 이제 전 세계의 식용유 시장은 거의 모두 식물성 가공유의 독무대가 되었고 관련 집단들은 아직도 전성기를 누리고 있다.

그런데 지난 몇 십 년 동안에 인류의 건강에 일어난 큰 변화는 동물성 포화 지방과 코코넛 오일 등 열대 식물성 포화 지방을 먹던 시절에는 거의 없었던 각종 질병이 급증하는 심각한 결과를 가져왔다.

우리 나라도 예외는 아니어서 지난 세기에는 모든 전과 튀김류에 쇠기름이나 돼지 기름을 많이 사용하였다. 식당의 음식에도 주로 동물성 지방이 쓰였지만 요즘처럼 심장병이나 당뇨나 암의 발생이 흔하지는 않았다.

식생활이 서구화 되면서 동물성 포화 지방을 콩 기름이나 식물성 유지로 만든 마아가린과 쇼트닝으로 섭취를 대체하면서 다른 선진국들과 마찬가지로 각종 현대병의 폭증이라는 현상을 똑같이 겪게 된 것이다. 물론 고도로 정제, 가공된 식품의 섭취와 환경도 중요한 원인이다.

양심적인 건강 전문가들은 가장 나쁜 형태의 음식물로 식물성 식용유나 수소화 가공된 쇼트닝으로 튀긴 가공 탄수화물 식품을 꼽고 있다. 튀긴 감자 프렌치 프라이 같은 음식이 대표적인 예이며, 전문가는 떠도는 굶주린 개에게도 이런 음식은 주지 않는다고 얘기할 정도이다.

각종 성인병이나 퇴행성 질환들이 세계적으로 급증하게 된 것은 결코 우연이 아니며 식생활에서 식물성 식용유와 이의 가공 식품 섭취로 인류의 건강 대재앙이 시작된 것이다.

2) 식물성 식용유에 대한 인식 오류

식물성 식용유의 불포화 지방은 혈관과 심장에 좋고 살찌지 않는 건강한 오일이지만 돼지 고기나 쇠고기의 동물성 포화 지방은 콜레스테롤을 높이고 고혈압을 일으켜 심장병의 원인이 되고 비만을 유도하는 나쁜 식품이라는 인식이 일반적이다. 그래서 매일 먹는 가공된 식물성 식용유가 바로 소화 기능을 억제하고 효소나 호르몬 분비를 방해하며 심장병이나 혈관 질환, 비만, 당뇨, 암 등의 각종 현대병을 일으킨다고 얘기하면 대다수의 사람들은 믿지 못하겠다는 반응을 보인다.

그러나 이것은 사실이다. 전술한 것처럼 지방의 분류와 특성, 소화 과정 및 체내 이용 등에 대한 과학적 연구와 각 지역 주민 연구를 통한 역사와 수 많은 임상에서 그 증거가 드러났다.

2. 식물성 식용유 – 무엇이 문제인가?

1) 산화 위험

얼마 전 조류 독감과 기름의 산화에 대한 우려로 닭 튀김이 잘 팔리지 않을 때, 어느 체인점에서 엑스트라 버진 올리브 오일만을 사용하여 닭을 튀긴다는 선전으로 선풍적인 인기를 끌었다고 한다.

몇 년 전만 해도 국내에서 올리브 오일은 생소했던 식용유로 당시 소비자들은 이 기름이 다른 식물성 기름보다 건강에 유리하다는 사실을 그다지 잘 모르고 있었지만 시간이 지남에 따라 그 인식이 확산되면서 적절한 시기에 광고하여 실효를 거둔 경우이다. 그러나 만약 지방의 특성에 대해 소비자들이 조금이라도 더 잘 알고 있었다면 분명 이 선전은 실패했을 것이다. 이유는 이 오일도 튀길 정도의 고온이 되면 산화가 일어나고 이미 한번 튀김에 쓴 기름을 계속 사용하면 건강을 더욱 해치기 때문이다.

식물성 식용유는 열에 쉽게 산화되어 인체에 심각한 독성 물질이 생긴다. 콩 기름 등 모든 식물성 가공 오일은 생산 가공 시에 이미 산화의 과정을 겪었고 여기에 발암성 화학 물질까지 사용하였다. 이것을 다시 수소화 가공하여 만든 마아가린이나 쇼트닝 등의 포화 지방에는 트랜스 지방이 함유되어 있어 먹으면 건강에 더 심각한 폐해를 일으킨다.

수소화는 화학적으로 불안정한 불포화 지방을 인공적으로 포화시키는 가공으로 자연계에는 없는 물질로 요즘 모든 가공식품에 빠짐없이 들어가는 공정이다.

산화된 식물성 식용유는 고도로 정제되어 맛, 냄새, 색상만으로는 산화 상태를 알 수가 없다. 몇 번 튀김에 사용한 기름을 재생산하여 불순물을 거르고 색상을 맑게 처리해서 다시 요리에 사용하는 경우 얼마나 산화되었는지는 설명이 필요없을 것이다.

식물성 식용유는 빛과 열과 산소에 의해 쉽게 산화된다. 생산 과정에서 모든 식물성 식용유는 이미 산화 요인에 노출되어 있다. 여기에 오랜 운송 시간과 보관 기간을 거치며 투명한 페트병에 담겨 팔리고 있다. 소비자는 이 식물성 식용유를 가열하는 튀김이나 부침 요리에 사용하고 있다. 이런 기름은 섭취된 후 따뜻한 체내의 환경에서 산화가 빠르게 진행된다.

식물성 식용유는 왜 빛과 열과 산소에 쉽게 산화될까? 바로 광고 덕분에 건강에 좋다고 알고 있는 다중 불포화 지방산의 화학적 불안정성 때문이다. 이런 산화 현상은 세포와 조직을 파괴하고 그 기능을 망가뜨려 신체의 각종 건강 불균형과 암을 일으키는 '프리 래디칼(free radicals)'과 직접적인 연관을 갖는다.

2) 프리 래디칼 형성

프리 래디칼은 면역력 저하나 염증에도 직결되어 백혈병, 백내장, 간염, 신염, 교원병, 폐 경화증, 폐기종, 피부 궤양, 위궤양, 장관 궤양, 크론씨병, 관절 류마티스, 아토피성 피부염, 노인성 치매증 등의 질병을 유발시켜 인체 조직과 장기를 파괴하며 혈관 내에서는 플라그를 형성하여 동맥경화와 뇌졸중, 심장병을 일으키는 요인이 된다.

산패된 오일은 프리 래디칼에 의한 특성 때문에 적혈구를 공격하고 DNA / RNA의 배열에 손상을 입히게 된다.

생체 내에서 프리 래디칼의 표적이 되기 쉬운 물질은 세포막을 구성하고 있는 지질이나 단백질, 핵의 DNA, 효소 등으로 프리 래디칼의 공격으로 이들이 손상되면 건강에 심각한 결과가 나타난다. 각종 연구와 실험에서 왜 반복해서 다중 불포화 지방의 섭취가 암과 심장병을 일으킨다는 결과가 계속 나타나는지 의심할 여지가 없다.[194]

이외에도 프리 래디칼은 조로, 관절염, 파킨스씨 병 같은 자동 면역 질환, 루게릭 병(Lou Gehrig's disease), 알츠하이머 병(Alzheimer's) 그리고 백내장과 같은 질병의 원인이 된다는 사실도 이미 밝혀졌다.[195]

이렇게 다중 불포화 지방산이 주성분인 식물성 기름들의 불안정한 구조는 쉽게 산화되면서 스스로 안정된 형태를 갖추기 위해 다른 세포 조직으로부터 전자를 빼앗게 되고 이를 빼앗긴 세포는 다시 다른 조직에서 전자를 빼앗는 연쇄 반응이 계속 확산되는 프리 래디칼의 작용으로 결국 생체 세포의 노화와 파괴를 일으키게 되는 것이며, 이런 현상이 축적되어 계속 진행되면 의학계의 난치성 질환이 나타나게 된다.

프리 래디칼은 체내의 장기뿐만 아니라 피부에도 손상을 주어 주름과 검버섯 같은 조로 현상을 가져다 준다. 피부에 나타난 조로 현상이나 검버섯은 신체 내부의 장기 상태를 반영한다는 사실은 주목할 만한 일이다.

3) 가공 식물성 식용유의 트랜스 지방산(trans fatty acids)

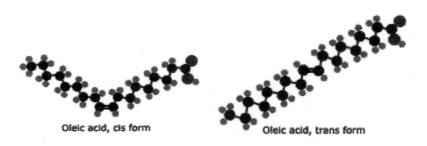

Oleic acid, cis form　　　　　Oleic acid, trans form

식물성 식용유가 불안정한 화학 구조로 변질되는 현상을 막기 위해 강제로 그 구조를 안정시키는 가공이 바로 수소화 가공이다. 이 작업에 의해 얻어진 생산품이 마아가린과 쇼트닝 등인데 이들 수소화 지방이 건강에 더 치명적인 것은 기름의 확산을 증가시키고 안정화시키기 위한 수소화 과정에서 발생하는 물질 때문이다.

이 물질은 자연 상태에서는 존재하지 않는 '트랜스(trans)' 라는 형태의 지방산이다. 수소화 공정의 문제점은 현대 기술로도 지방산의 이중 결합 구조에 선택적으로 작용하여 수소 원자 결합을 유도할 수 없다는 것이며, 다중 불포화 지방에 무작위로 결합시킨 수소 원자들은 식품의 자연 구성 물질을 전혀 다른 물질들로 변형시켜 구조상 일부분만 수소화된 형태의 지방을 생성시키게 되는데, 이것이 바로 트랜스 지방산이다.

이와 같은 트랜스 지방 형성 이외에도 갑자기 인위적으로 구조가 변형되어 나머지 수소화되지 않은 이중 결합도 다양한 분자 구조의 형태를 갖게 되며 지방산도 건강에 크게 악영향을 주는 물질이 된다.

구조적으로 설명하면 이중 결합에서 같은 쪽으로 수소 원자가 결합되면 한쪽에만 원자들이 있어 구부러진 형태의 'cis'라는 자연계의 정상적인 분자 모양이 되지만 공간적으로 균형을 맞춰 이중 결합의 반대 쪽에 수소 원자가 첨가되면 'trans'라는 직선 형태의 분자 구조가 된다. 사실 분자 구조가 구부러졌다거나 아니면 직선이라는 복잡한 문제를 떠나 이를 살피는 중요한 이유는 분자 구조가 건강에 큰 영향을 준다는 점 때문이다.

인체는 분자 구조에 종속적인 효소가 열쇠와 자물쇠처럼 딱 맞아야 작용하기 때문에 이 형태는 건강에 매우 중요하다.

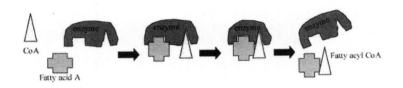

그러나 트랜스 지방은 인체 효소가 전혀 반응할 수 없는 생경한 물질이어서 체내에서 제거되기는커녕 협조적으로 정상 지방처럼 세포막에 들어간다. 이렇게 되면 몸의 세포들은 부분적으로 수소화가 되며 이 상황이 체내에서 발생하면 세포막 속에 있는 전자들은 일정한 배열이나 패턴을 하고 있을 때만 화학 반응을 일으키는 속성 때문에 이미 수소화로 방해를 받아 반응을 수행할 수 없는 상태가 된다. 결국 트랜스 지방의 변형된 구조는 세포의 대량 파괴를 일으킨다.

트랜스 지방산을 10년 이상 연구한 메릴랜드 대학의 메리 에닉(Mary G. Enic Ph.D.) 박사는 트랜스 지방이 심장병과 암, 당

뇨, 면역 약화, 생식 능력 및 수유 능력 저하와 비만 등의 원인
이 되므로 국민 건강을 위해 FDA 등 관련 단체에 계속 시정을
권고하였지만 기득권들은 막대한 이윤을 쉽게 포기하지 않았다.

결론적으로 식물성 오일로부터 수소화시켜 나타난 변형 인공
지방인 트랜스 지방산의 섭취는 필수 지방산의 이용을 막아 성
기능 장애, 콜레스테롤 상승, 면역 체계 마비와 같은 위험한 현
상을 일으키며 관상동맥, 심장병, 암, 당뇨, 비만, 면역 부전, 불
임, 모유 생산 부족, 뼈와 힘줄의 이상과 같은 심각한 질병을 유
발시킨다.

마아가린이나 쇼트닝은 방치해 놓아도 상하지도 않을 뿐더러
개미나 바퀴벌레, 심지어는 굶주린 쥐들도 먹지 않는 인공 물질
이다. 사실이 이런데도 수소화된 마아가린들이 아직도 건강에
좋은 식품이라고 계속 선전되고 있으며 사람들은 의심없이 먹
고 있다. 몸에 좋은 버터보다도 오히려 마아가린이 아무 비판없
이 소비가 된다는 사실은 잘못된 상술일지라도 지속적으로 반
복 광고하면 사람들이 속는다는 것을 증명하고 있다.

4) 식물성 식용유의 지방산 불균형

포화 지방이 암이나 심장병의 원인이 되고 다중 불포화 지방
은 건강에 좋다는 정치적으로 수정된 전문가들의 말에 따라 지
방의 섭취는 근본적으로 콩 기름이나 옥수수 오일, 잇꽃 오일,
카놀라 오일로 대부분 섭취가 바뀌게 되었다.

하루에 약 30%의 다중 불포화 지방을 먹어도 괜찮다고 주장
하지만, 이 양은 과도하다고 연구자들은 밝히고 있다. 가장 확

실한 증거는 하루 섭취 열량 중에서 다중 불포화 지방이 4%를 넘지 말아야 한다고 예시하고 있다. 그러므로 이상적인 비율은 오메가-3 리놀렌산 1.5%, 오메가-6 리놀레산은 2.5%의 비율이어야 한다는 연구가 있다.[196]

과도한 다중 불포화 지방의 섭취는 암과 심장병의 위험을 높이고 면역 체계를 약화시키며 간에 손상을 일으키고 생식기관과 폐 이상, 소화 불량, 학습 능력 저하, 성장 저해, 비만 등의 문제를 일으킨다.[197] 이런 다중 불포화 지방산을 대량 섭취하기 전에는 소량의 두과 식물과 곡물, 콩류, 녹색 채소, 생선 그리고 동물 지방에서 소량으로 섭취해 왔다.

🫐 너무 많은 오메가-6 리놀레산의 섭취

대다수의 학자들은 지방산 섭취에 오메가-6 지방산이 비교적 많고 또다른 필수 지방산인 리놀렌산, 오메가-3 지방산이 너무 적다고 지적하고 있다. 시판되고 있는 대부분의 식물성 식용유는 오메가-6 리놀레산으로 오메가-3 리놀렌산은 거의 찾아볼 수 없다는 결과를 밝히고 있다. 연구에서는 너무 많은 오메가-6 지방산을 섭취하면 중요한 프로스타글란딘의 생산을 방해하여 신체 불균형을 일으킨다는 사실도 덧붙였다.[198]

이렇게 되면 혈병, 염증, 고혈압, 소화 기관의 염증, 면역력 저하, 불임, 세포 증식, 암, 비만의 원인이 된다.[199]

🫐 너무 적은 오메가-3 리놀렌산의 섭취

오메가-3 지방산은 세포의 산화 활동과 신진 대사에 중요한 황함유 아미노산의 대사, 프로스타글란딘의 균형에 중요한 작용을 한다. 부족하면 아스마, 심장병, 학습 능력 부진을 일으킨다.[200]

현대의 농업과 축산업은 대량 생산 체계로 채소와 계란, 생선과 고기로부터 얻을 수 있는 오메가-3 지방산의 함유량을 비정상적으로 적게 만들었다. 예를 들면 벌레를 잡아 먹거나 식물을 먹은 닭이 낳은 계란은 오메가-6과 오메가-3 지방산이 1 : 1 정도의 비율인데 사료로 양계한 계란에는 오메가-6 지방산이 오메가-3 지방산보다 19배나 더 많이 함유되어 있다고 한다.[201]

5) 식물성 식용유는 면역력을 억제한다

다중 불포화 지방은 면역 체계를 억제하며 면역 체계를 억제하는 성질은 암의 발병 원인이 될 수 있다. 다중 불포화 지방이 암의 원인이 될 수 있다는 주장을 처음으로 한 사람은 영국 옥스포드 대학의 R A Newsholme 박사인데 신체가 충분한 영양을 취할 때 음식물에 면역 억제제인 다중 불포화 지방산이 포함되어 있는 경우 박테리아나 바이러스에 감염되기 쉬운 상태를 만든다고 한다.[202]

해바라기 씨에 함유되어 있는 다중 불포화 지방의 면역 억제 효과는 다중 경화증과 같은 자동 면역 질병의 치료에 유용하고 또 신장 이식 환자의 자가 면역에 의한 장기 거부 현상을 방지하는 면역 시스템 억제제로 사용된다.

신장 이식 후 초기에 의사들이 겪는 첫 번째 문제는 그들의 환자 면역체가 새로 들어온 신장에 대해 조직 거부 현상을 일으키는 것이었다. 그래서 우선 면역 체계를 억제하는 방법을 찾아야 했고 Newsholme 박사는 해바라기씨 오일보다 신장병 환자의 면역 억제제로 좋은 것은 없다고 밝혔으며 이에 따라 신장 이식 전문의들은 환자들에게 리놀레산을 투여하고 있다.[203]

그러나 어떤 경우는 아주 빠른 속도로 각종 암을 일으켜서 예상했던 것보다 20배나 더 빠른 속도로 암의 확산이 진행되었다고 한다.

1990년 옥스퍼드 대학에 아직도 다중 불포화 지방산으로 자동 면역 질병을 치료를 하고 있는지를 다시 문의한 한 학자에게 옥스포드의 의사는 생선 기름이 해바라기 오일보다도 불포화된 정도가 더 높아서 면역 억제력을 더 증가시킬 수 있기 때문에 이를 사용한다는 답변을 들었다고 한다.

6) 식물성 식용유는 암을 일으킨다

1980년대 초기는 의사들과 영양학자들로부터 다중 불포화 지방을 더 많이 먹도록 권고 받았던 시기였다. 1980년 1월 캘리포니아 대학과 1980년 오레곤 주립 대학에서 실행한 동물 실험에서 쥐에게 다중 불포화 지방산을 투여한 결과 암이 전이된 수가 많아졌다는 내용을 'Oncology Times'에 발표하였다.

1989년에는 로스엔젤레스의 Veteran's Administration Hospital 에서 10여년간 시행한 연구에서 대상 환자들에게 다중 불포화 지방을 두 배로 급식하고 나머지는 포화 지방을 섭취하도록 한 뒤 비교한 결과 불포화 지방산들을 먹은 환자는 포화 지방을 먹은 환자들 보다 15% 더 많이 암으로 죽었다는 결론이 나왔다.[204]

이 실험의 보고서를 작성한 사람도 다중 불포화 지방산이 암으로 인한 죽음의 증가 원인이었다고 언급 하였다.

Wayne Martin 박사는 다중 불포화 지방산들이 어떻게 암을 일으키는가를 다음과 같이 얘기한다.

"1930년대 미국에서는 남성의 80%가 흡연을 하여 타르 함량은 오늘날의 담배보다 훨씬 높았지만, 그 당시에 폐암으로 죽는 사람의 수는 오늘날보다 훨씬 적었다. 1955년 의사들은 다중 불포화 지방이 심장병 예방에 좋다고 결론을 내렸는데[205] 이후에 폐암으로 인한 사망이 급진적으로 늘어나 1980년까지 미국의 흡연 남성은 30% 까지 줄었지만 다중 불포화 지방의 섭취는 3배가 늘어나 폐암으로 인한 사망률은 60배가 초과되었다."[206]

발암 물질은 끊임없이 신체를 공격하고 있으며 정상적인 면역 체계는 암이 될 수 있는 어떤 작은 세포라도 제거하기 위해 총력을 기울이고 있지만, 다중 불포화 지방산인 식물성 식용유의 리놀레산은 거꾸로 면역 체계를 억제하고 있다. 따라서 식물성 식용유나 마아가린, 쇼트닝을 많이 먹으면 면역 체계가 빨리 약화되어 암세포 성장의 위험을 높이게 된다.

7) 식물성 식용유는 암을 성장시킨다

많은 연구 결과는 과도한 다중 불포화 지방산의 섭취가 암을 촉진한다는 것을 보여주고 있는데, 암의 촉진과 원인은 다르다. 촉진이라는 것은 기존 암세포의 증식을 가속화시키는 물질을 말한다.

1970년대 초부터 이미 리놀레산이 암의 주범이라는 것이 알려졌으며, Raymond Kearney 시드니 대학 교수도 1987년에 많은 실험 연구소에서 시행한 실험적인 포유류의 종양 촉진 연구들에서 포화 지방보다 불포화 지방군의 촉진율이 훨씬 높았다고 보고하였다.

이렇듯 각종 연구들에 의하면 오메가-6 지방산인 리놀레산이 풍부한 식물성 기름이 종양 성장의 잠재적 촉진자라는 것을 밝히고 있다.[207]

스웨덴에서 61,471명의 40~76세의 여성들에게 시행한 한 연구에서는 각기 다른 지방과 유방암의 관계를 관찰하였다. 그 결과가 1998년에 발표 되었는데, 다중 불포화 지방은 암을 증가시켰으나 단일 불포화 지방은 반대의 결과가 나와 유방암에 대해 보호적이었고 다중 불포화 지방은 유방암 위험을 증가시켰으며, 포화 지방은 중립적이었다고 한다. 참고로 설탕은 여성 유방암의 최대 발병 원인이라는 연구 결과가 보고되었다.[208]

💜 항암 지방

리놀레산은 신체에 필요한 필수 지방산의 하나로 체내에서 합성할 수 없으므로 꼭 섭취해야 하는 성분의 한가지이다. 다행히도 유익한 리놀레산의 다른 형태가 있는데 바로 결합 리놀레산(conjugated linoleic acid)이다. 18개 탄소에 이중 결합과 단일 결합이 교대로 있는 보통의 리놀레산과는 다소 다른 형태로 비록 작은 변형이지만 강력한 항암 효과가 있다.

뉴욕의 Roswell Park 암센터의 과학자들과 뉴저지 Medical School의 과학자들이 연구한 바에 의하면 이 결합 리놀레산이 1%이하 용액 상태에서도 유방암이나 결장, 직장암, 악성 흑색선

종 등과 같은 몇 가지 암에 대해 보호적이었다는 사실을 발견하였다고 한다.[209, 210]

결합 리놀레산이 보통의 리놀레산과 다른 한 가지는 모든 식물성 오일에는 없고, 반추 동물의 지방에만 함유되어 있는 것으로 유제품이나 붉은 살코기에 들어 있는데 주로 쇠고기에 많다고 한다.[211]

미국에서는 붉은 살코기의 섭취가 결장암의 위험을 증가시킨다고 알려져 있지만 영국에서는 아직 이를 뒷받침 할 만한 증거가 없었다. 모든 붉은 살코기가 암을 유발시킨다는 이론은 지방을 끊어버린 미국에서 발병률이 높아 흥미롭다.[212]

포화 지방과 동물 지방은 서구에서는 모든 형태의 질병의 원인이라 비난을 받아왔다.

그러나 다음 사실을 상기해 보자. 19세기에는 각종 동물 지방을 섭취하였지만 심장병을 포함, 암의 발병이 드물었다. 다중불포화 지방은 면역 체계 억제에 사용되고, 그와 같은 억제제는 암의 원인으로 알려져 있고 암을 촉진시킨다는 연구 결과로 밝혀졌다. 최근에는 다중 불포화 지방과 오일로 그 사용이 바뀌자 암비율이 급등였다.

불행하게도 다중 불포화 지방은 신체에 필수적이므로 얼마 동안은 적당한 비율을 유지하며 섭취해야 한다. 지난 세기에 극적으로 증가한 암의 수치가 급증한 다중 불포화 식물성 기름 섭취에 의한 결과라는 사실을 확실하게 증명할 수는 없지만, 각종 연구로 증거를 찾고 있다. 그러므로 다중 불포화 식물성 지방의 소비를 제한하여 하루 총 섭취 리놀레산이 전체의 2.5%를 넘지 않도록 해야 한다.

8) 식물성 식용유는 피부암의 원인이다

1974년부터 호주에서는 악성 흑색선종(피부암)의 주목할 만한 증가를 가져왔다는 통계가 나왔는데 주된 원인이 자외선때문이라는 것이 정설로 되어 왔다.[213]

그렇다면 호주인들은 50년 전보다 지금 더 많이 태양에 노출되었다는 것일까? 그러나 일본인들의 흑색선종은 자외선이 닿지 않는 부위에 많이 나타나며[214] 자외선은 피부암의 원인이 아니라는 사실을 전세계의 다른 지역에서도 증명하고 있다.

호주인들은 과거보다 서구화된 많은 다중 불포화 지방을 먹었다. 그것은 피부암에 걸린 환자들의 피부 세포에서 공통적으로 발견된 것으로 증명할 수 있다.

다중 불포화 지방은 태양의 자외선을 받아 쉽게 산화되고 유해한 프리 래디칼을 형성한다. 이 프리 래디칼들은 세포의 DNA를 손상시키고 암이라는 통제불능의 상태로 이끈다. 반면에 포화 지방은 안정되어 쉽게 산화되지 않고 프리 래디칼을 형성하지 않는다.

그러므로 열대 지방에서는 오래 전부터 고포화 지방인 코코넛 오일을 피부 보호와 노화를 막는 화장품으로 사용해 왔던 것이다.

악성 흑색선종 피부암은 미국에서도 날로 증가하고 있다. 이 역시 태양 때문인가? 피부암의 증가를 보이는 나이가 75세 이상이며 거의 햇빛을 쏘이지 않는 노인들의 피부암은 태양의 자외선이 원인이 아니라 바로 다중 불포화 지방의 섭취가 원인인 것이다.[215]

3. 식물성 식용유의 재료와 제조 및 가공

1) 식물성 식용유의 원료 특성

식품 재료에 관한 기초 지식은 건강에 매우 중요하다. 식물성 식용유의 원료인 씨앗에는 오랜 진화 결과 스스로를 보호하기 위한 물질이 들어 있다. 그런데 이런 성분이 동물에게 독이 된다. 한 예로 참외 씨나 수박 씨는 소화되지 않은 체 배출된다. 콩도 마찬가지여서 평소 즐겨 먹는 두부나 두유도 먹지 않는 것이 좋다고 얘기하면 놀랄 것이다.

콩은 단백질이 풍부하여 건강 식품으로 인식되어 있다. 두부나 두유가 건강에 나쁘다면 여러분은 믿겠는가? 콩 식품은 위장 장애, 위암, 신장 결석, 심장병, 유방암, 췌장 이상, 남아의 성기 왜소, 성장 부전, 성장 방해, 학습 저해, 무모증, 알츠하이머 등등의 질병을 일으킬 수 있다는 연구가 있다. 모든 식물은 초식 동물들로부터 자신을 방어하기 위한 물질을 갖고 있다. 그러나 이 방어 물질이 인체에 독성 물질이 된다는 것이다.

💜 콩의 독성

- 콩에 함유된 피틴산(phytic acid)은 비타민 E, D, K, 비타민 B_{12}의 요구량을 늘리며 칼슘, 마그네슘, 구리, 철, 아연의 결핍을 초래한다. 이 피틴산은 물에 불리거나 갈아서 천천히 오래 익혀도 중화되지 않는다. 높은 피틴산의 섭취는 아동

들의 성장 장애 원인이 된다.[216, 217, 218]
- 콩의 트립신(trypsin) 억제는 단백질의 소화를 방해하며 췌장 기능 이상의 원인이 될 수 있다.[219]
- 콩의 피토에스트로겐(phytoestrogens)은 내분비 기능을 억제하여 불임의 원인이 되고 유방암을 촉진한다.[220]
- 콩의 피토에스로겐과 고이트로겐(goitrogen)은 갑상선을 억제하여 기능 부전이나 암을 일으킬 수 있다. 유아의 대두분유 섭취는 갑상선 자동 면역 질병 발생과 관련된다. 또한 여아의 조숙 현상이 나타난다.[221, 222]
- 대두 단백질을 분리 가공할 때의 고온은 단백질을 파괴시킨다.[223]
- 대두 가공 식품에는 보통 유리글루타민산 또는 MSG 등의 신경 독성 물질과 신경계와 신장에 유해한 알루미늄을 많이 함유하고 있다.[224, 225]
- 콩은 유전자가 조작된 농산물 중 하나이며, 식품 중에 가장 많은 농약 잔유량을 보이고 있다.

그러나 된장 등 콩을 발효시켜 만든 식품은 미생물이 발효 과정에서 모든 자연 독성을 분해하여 그 폐해가 없어진다.

참고로 옥수수 역시 가공 식품에 많이 사용하고 있다. 그러나 옥수수도 건강에 불리한 요소가 함유되어 있다.

- 옥수수에는 많은 당분이 들어 있다. 세계 식품업계 당분 사용량의 절반 가량이 이 옥수수에서 추출한 당이다. 오늘날의 식생활에서 가공된 당은 비만과 심장병, 당뇨 등의 원인 물질이다.
- 옥수수는 세계에서 가장 많은 유전자 조작을 한 곡물 중의

하나이다. 농약 사용량 또한 많다.

- 곰팡이로부터 나온 마이코톡신(Mycotoxins)이라는 독성 물질이 있어 심장병, 암, 당뇨 및 주요 질환의 원인이 된다. (Doug Kaufmann & Dr. David Holland)

2) 식물성 식용유의 제조

자연적으로 생성된 과일, 두과, 씨앗의 기름은 먼저 쉽게 추출할 수 있도록 열을 가해야 한다. 옛날에는 이런 식물성 기름을 추출할 때 재래식 방법을 이용하여 지금보다는 그래도 폐해가 적었지만 대량 생산하는 요즘 방식은 건강을 해친다.

씨를 파쇄한 후 우선 섭씨 110도 이상의 고열로 가열한 후 1평방 인치의 면적 당 10~20톤의 압력을 가하여 기름을 추출한다. 이때 고압에 추가로 열이 발생하게 되는데, 이미 초기 가공 과정에서 다중 불포화 지방을 산화시키는 열과 빛, 산소에 일차적으로 노출된다.

다중 불포화 지방, 그 중에서도 구조가 불안정한 오메가-3 지방산은 식품 가공 과정에서 가장 쉽게 산화된다. 높은 온도의 가공 과정은 불포화 지방산의 탄소 결합 부위를 약화시키는데 리놀렌산도 탄소 부위가 파괴되어 위험한 프리 래디칼을 형성하게 된다. 또한 프리 래디칼의 파괴로부터 신체를 보호하는 지용성 비타민E와 같은 천연 항산화제는 높은 열과 압력으로 파괴되거나 소멸되어 버린다.

다중 불포화 지방은 현대적인 대량 가공 방식을 따르면 필연적으로 산화에 따른 문제를 피할 수가 없다. 그래서 생산자들은 열에 파괴되는 항산화제인 비타민E나 다른 천연 방부 물질, 즉 천연항산화제를 대체하기 위해 발암이나 뇌손상의 원인으로 의심되는 BHT나 BHA와 같은 화학 물질을 첨가하기도 한다.

다음에는 짜고 남은 10%정도의 기름을 더 추출하기 위해 생산자는 화학 물질인 헥산 솔벤트를 사용한다. 한편 남은 솔벤트는 끓여서 증발시키는데, 아무리 세심하게 작업을 잘해도 기름에 잔유량이 남는다. 이런 잔유 솔벤트는 이미 독성 물질이다. 또한 가공 전 곡물에 묻어 있는 농약 성분도 기름에 잔류된다.

미국에서는 1989년, 발암 물질로 알려진 벤젠이 시판 중인 미네랄 워터에서 약 10억 분의 14 정도가 검출되어 그 생수 회사를 도산시켰는데 식물성 기름 추출에 사용된 솔벤트는 아무리 제거를 하여도 100만 분의 10정도는 잔류된다. 이 양은 예의 생수에서 검출된 것보다 약 700배 이상 더 높은 비율이다.

천연 항산화제를 얻기 위해 저온에서 빛과 산소의 접촉을 피하고 기름을 안전하게 추출하는 방법은 익스펠러(expeller) 방식으로 이때 생산된 정제하지 않은 기름은 색깔 있는 병에 넣어 냉장고에 보관하면 비교적 신선하게 장기간 보존할 수 있다.

3) 마아가린의 제조

위의 공정에 의해 생산된 식물성 오일은 산패가 쉽게 되므로 이를 막기 위해 수소를 불포화 지방의 불안정한 구조에 강제로 결합시켜 인공 포화 지방으로 만든 것이 마아가린과 쇼트닝이다. 한마디로 이와 같은 공정은 실온에서 액체인 다중 불포화 지방을 실온에서도 고체 상태인 지방으로 만드는 작업이다.

$$\underset{}{\overset{H\ \ H}{C=C}} + H_2 \rightarrow \underset{H\ \ H}{\overset{H\ \ H}{-C-C-}}$$

수소화 공정

1900년대 초까지만 해도 지방질은 서구에서도 부자나 귀족이 먹는 비싼 음식이었고, 버터도 고급 식품에 속해서 당시 가난한 사람들의 주식은 주로 감자와 빵이었다. 따라서 우리 선조들처럼 명절 때나 고기를 한 번 맛볼 수 있을 정도로 서구의 서민들도 고기나 지방은 먹기 힘든 식품으로 당시 영양 결핍으로 인한 사망률이 높았다고 한다.

영국 빅토리아 여왕 시대인 1800년대 후반 가난한 서민들이 먹을 수 있는 고가의 버터를 대체 할 지방이 발명되어 공급되기 시작했는데 원재료는 값싼 기름을 써서 맛은 버터와 달랐지만 버터처럼 노랗게 보이도록 만들어 이를 마아가린(margarine)이라 불렀다고 한다.

이 때는 마아가린의 값싼 지방 원료는 소의 지방과 우유, 물이었다고 한다. 이후 영국으로부터 마아가린 제조 특허를 받은 미국 업체는 연구를 거듭해 원료 지방을 더 싼 돼지 기름과 고래기름, 올리브 오일, 코코넛 오일, 땅콩과 면화 오일로 대체하게 되었고, 1900년대 중반에 가서는 콩의 유화물과 물이 우유를 대신하게 되었다. 오늘날 마아가린의 원료는 100% 싸구려 다중 불포화 식물성 지방을 이용하고 있다.

마아가린은 자연 식품일까? 생산자들은 콩기름, 옥수수 기름, 해바라기씨 기름, 카놀라유 등의 자연에서 얻어지는 원료를 압착, 정제하여 고도의 가공을 거쳐 마아가린이나 빵에 발라먹는 스프레드, 쇼트닝, 식용유 등을 만들었으므로 모두 자연 식품이라고 주장한다. 하지만 이미 열처리 과정만으로도 마아가린과 쇼트닝은 영양적으로 인체에 부적합하며 여기에 화학 처리와 비자연 물질인 인공 트랜스 지방이 들어 있으므로 마아가린은 자연 식품이나 건강 식품이 결코 아니다.

마아가린을 생산하기 위해서는 가공 중에 이미 산화된 대두유, 옥수수 유, 면실유, 카놀라 유 등을 고온과 화학 물질로 추출한 후 수지 제거 – 표백 – 수소화 – 중화 – 균질화 – 탈취 – 유화 – 착색 등의 10여 가지 추가 공정을 거쳐야 한다. 추출된 오일에 미세 금속인 니켈옥사이드나 백금을 촉매로 고온, 고압의 수소 가스와 반응시키고 더 좋은 물성을 유지시키기 위해 비누와 같은 유화제와 녹말을 혼합물에 넣은 후 불쾌한 냄새 제거를 위한 스팀 가공을 하는 등 고열 공정을 계속 거쳐야 한다. 균질화된 지방은 심장병을 일으킨다는 연구가 있다.[226]

마지막 단계에서 마아가린의 원래 자연색인 밤 맛 떨어지는 회색을 표백으로 제거하고 버터처럼 보이도록 착색제와 강한 향료를 첨가하여 압축, 성형한 후 출하되어 건강 식품으로 판매되고 있다.

이 공정에는 가성소다 용액에서 섭씨 140~160도로 가열하는 과정과 촉매 반응 과정에서는 중금속 물질의 백만 분의 50 정도가 생산품에 잔류된다. 또 항산화제로 석유를 원료로 만든 '부틸화 하이드록시아니솔(Butylazed hydroxyanisol E;320)'을 첨가하는데, 이는 발암 물질로 널리 알려져 있다.

마아가린은 구성 성분의 약 30~40%가 다중 불포화 지방인 리놀레산이다. 요리용 식용 오일인 해바라기 오일은 약 50%, 잇꽃 오일은 약 72%의 리놀레산을 함유하고 있다. 반면 동물성 유지인 버터에는 단지 약 2%, 돼지 기름에는 약 9% 정도의 리놀레산이 들어 있다. 리놀레산은 필수 지방산 중의 하나로 꼭 먹어야 하는 지방이지만 많이 필요하진 않으며 동물 지방에 있는 것만 섭취하여도 충분하다. 그리고 마아가린에 들어있는 트랜스 지방산의 심장병 위험 때문에 일부 마아가린 회사들은 배합 공식을 바꿔서 이를 제거하는 추세이지만, 아직도 리놀레산은 그대로 남아 있다는 사실을 알아야 한다.

쇠고기의 지방은 오히려 콜레스테롤을 낮추어 주지만[227] 마아가린의 섭취는 급성으로 콜레스테롤을 높이고 심장병과 암을 유발한다.[228] 버터의 원료는 기본적으로 단 두 가지이지만 마아가린은 약 23가지 정도이다.

마아가린과 버터의 구성 성분 비교

Butter :	Margarine :
milk fat(cream), a little salt,	Edible oils, edible fats, salt or potassium chloride, ascorbyl palmitate, butylated hydroxyanisole, phospholipids, tert-butylhydroquinone, mono-and di-glycerides of fat-forming fatty acids, disodium guanylate, diacetyltartaric and fatty acid esters of glycerol, Propyl, octyl or dodecyl gallate(or mixtures thereof), tocopherols,

propylene glycol mono-and di-esters,
sucrose esters of fatty acids,
curcumin,
annatto extracts,
tartaric acid,
3,5,trimethylhexanal,
β-apo-carotenoic acid methyl or ethyl ester,
skim milk powder,
xanthophylls,
canthaxanthin,
vitamins A and D.

출처 : Gary Groves, : 'Polyunsaturate Oil and Cancer'

4. 각종 지방과 식물성 식용유 요약

1) 각종 지방에 대하여

오리와 거위 지방

실온에서 반고체 상태이며 35%의 포화 지방과 52%의 단일 불포화 지방(항균 기능을 갖고 있는 소량의 팔미톨산 포함)과 13%의 다중 불포화 지방산으로 구성되어 있다. 오메가-6 지방산과 오메가-3 지방산의 구성비는 그 개체가 어떤 먹이를 먹었느냐에 따라 달라진다. 오리와 거위의 지방은 아주 안정적이고 유럽 시장에서는 감자를 튀기는 기름으로 호평을 받고 있다.

🤎 닭 기름

31%의 포화 지방, 49%의 단일 불포화 지방(보통 정도의 항균 기능을 하는 팔미톨산 포함)으로 대부분 오메가-6 지방산인 다중 불포화 지방 20%로 구성되어 있다. 오메가-3 지방산은 아마나 어분을 먹이거나 풀어서 방목으로 벌레를 먹게 하면 그 함량을 올라가게 할 수도 있다.

'코셔(Kosher 유태인 식품 규격)'에서 튀기는데 널리 사용되고 있으며 오리와 거위 기름보다는 좋지 않지만 전통적으로 오랫동안 유태인의 요리에 많이 쓰여 왔다.

🤎 돼지 기름

돼지 지방은 40% 포화 지방과 48% 단일 불포화 지방(소량의 팔미톨산 포함), 그리고 12%의 다중 불포화 지방으로 구성되어 있다. 조류와 같이 오메가-3 지방산과 오메가-6 지방산의 구성은 급이된 돼지의 먹이에 따라 달라지는데, 열대에서 돼지들이 코코넛을 먹었다면 라우르산을 함유하고 있을 수도 있다.

오리와 거위 지방처럼 돼지 기름도 안정되어 있고 튀김에 많이 쓰인다. 한편 1세기 전 미국에서 광범위하게 사용되었다. 제3세계에서는 다른 동물성 식품이 고가이므로 좋은 비타민D 공급원이다.

🤎 쇠고기와 양 기름

50~55% 포화 지방, 40%의 단일 불포화 지방, 소량의 다중 불포화 지방(보통 3% 이하)으로 구성되어 있다. 양 기름은 70~80%가 포화되어 있다. 쇠기름이나 양 기름은 아주 안정되어 있

어 튀김용으로 쓸 수 있다. 전통적으로 이와 같은 기름은 건강에 아주 좋다고 여겨져 왔으며 이 기름들은 항균 팔미톨산의 좋은 공급원이다.

🫀 올리브 오일

안정적인 단일 불포화 지방산인 75%의 올레산과 13%의 포화지방, 10%의 오메가-6 리놀레산, 2%의 오메가-3 리놀렌산으로 구성되어 있다. 버진 올리브 오일은 항산화제 성분도 풍부하다. 탁한 것은 거르지 않은 것을 의미하고 금빛의 노란색은 잘 숙성된 상태의 올리브로 만들어졌다는 표시이다. 올리브 오일은 장기간 보관이 가능하고 요리에 사용할 수 있는 안전한 오일이지만 너무 많이 먹으면 부작용을 일으킨다. 올리브에서 볼 수 있는 장사슬 지방산은 버터나 코코넛 오일, 팜 커널 오일에서 볼 수 있는 단사슬 및 중사슬 지방산보다는 체지방을 높이는 경향이 있다.

🫀 땅콩 기름

48%의 올레산, 18%의 포화 지방산, 34%의 오메가-6 리놀레산으로 구성되어 있다. 올리브 오일처럼 비교적 안정적이고 경우에 따라 볶는 요리에 적합하다. 그러나 높은 비율의 오메가-6 지방산은 위험성이 있어 땅콩 오일은 선택적으로 사용한다.

🫀 참기름

42%의 올레산, 15%의 포화 지방산, 43%의 오메가-6 리놀레지방산으로 구성되어 있다. 참기름은 구성이 땅콩 기름과 비슷

하며 튀김에 쓸 경우가 있는데, 열에 파괴되지 않는 독특한 항산화제가 들어 있기 때문이다. 그러나 높은 오메가-6 지방산 함유량 때문에 특별한 용도로만 사용해야 한다.

💙 잇꽃, 옥수수, 해바라기, 콩 기름 및 면실유

모두 50% 이상의 오메가-6 지방산으로 구성되어 있으며 대두유를 제외하고 모두 극소량의 오메가-3 지방산을 함유하고, 잇꽃 오일은 거의 80%의 오메가-6 지방산을 가지고 있다.

과학자들은 최근에 와서야 그것이 산패되었든 안되었든 오메가-6 지방산을 과도하게 섭취하면 건강에 문제가 된다는 것을 알고 있다. 이런 기름의 소비는 엄격히 제한되어야 한다. 이들 기름은 가열한 후에는 요리나 튀김, 제빵에 사용해서는 안 된다.

교배종으로 생산된 많은 올레산을 함유한 잇꽃이나 해바라기 기름은 올리브 오일과 비슷하여 높은 올레산 함유율과 매우 적은 다중 불포화 지방산을 함유하여 안정적이라고는 하지만 이런 종류의 기름을 열처리하지 않고 짜낸 것을 찾기란 쉽지가 않다.

💙 카놀라 기름

5%의 포화 지방, 57%의 올레산, 23%의 오메가-6 지방산과 10~15%의 오메가-3 지방산으로 구성되어 있다. 최근 시장의 카놀라 오일은 겨자의 일종인 평지씨로 개발한 것으로 평지씨 기름은 eurcic 산이라는 초장사슬산을 함유하고 있어 사람이 먹기에 부적합하며 심장 관상동맥으로 발전될 소지를 갖고 있다.

카놀라 오일은 오일 자체에 매우 높은 황을 함유하고 있어 빠르게 산패한다. 카놀라 오일로 만든 빵은 곰팡이가 잘 핀다. 탈취 공정에서 가공된 카놀라 오일의 오메가-3 지방산은 트랜스 지방산으로 변형되는데, 이는 마아가린과 유사하지만 인체에 더 위험할 수 있다.

최근의 연구에서는 심장 친화적이라는 카놀라 기름이 건강한 심장, 혈관 체계에 필요한 비타민E의 결핍증을 유발할 수 있다고 밝히고 있다.[229]

또다른 연구에서는 낮은 eurcic 산, 장사슬 지방 함유량을 갖고 있더라도 포화 지방산의 섭취가 부족할 경우는 카놀라 지방이 심장 관상동맥 협착을 일으킨다고 밝히고 있다.[230]

♥ 아마유

9%의 포화 지방, 18% 올레산, 16% 오메가-6 지방산과 57% 오메가-3 지방산으로 구성되어 있다. 매우 높은 오메가-3 지방산 함유 때문에 아마유는 현재 미국에서 오메가-6과 오메가-3 지방의 균형을 맞추기 위한 기름 조제에 쓰이고 있다. 스칸디나비아 사람들의 생활 지침에 이 아마유를 건강한 식품으로 평가하고 있다. 새로운 추출 방법은 산패의 문제를 최소로 줄였고 샐러드 드레싱이나 발라먹는데 쓰고 있다.

♥ 열대 기름

다른 어느 식물성 기름보다 더 포화되어 있으며, 팜 오일의 경우 50%가 포화 지방이고, 41%가 올레산이며, 9%가 리놀레산이다. 코코넛 오일은 약 92%가 포화되어 있고 2/3이상이 중사슬 지방산이다(종종 중사슬 트리글리세라이드로도 불림). 특히 라우르산은 모유나 코코넛 오일에서 많은 양이 발견되는 지방산으로 강한 항균 효과를 가지고 있다.

코코넛 오일은 열대 지방 주민을 박테리아와 곰팡이로부터 보호하여 오래 전부터 요리에 널리 사용되었지만, 지금은 열대의 주민들도 이 기름을 다중 불포화 식물성 기름으로 바꿔 먹으면서 각종 신체 기능 이상과 면역 체계 질병이 기하급수적으로 증가하였다.

코코넛 오일은 라우르산 함유라는 이유때문에 유아의 음식에 자주 적용되고 있으며, 팜 커널 오일은 기본적으로 사탕류의 코팅에 사용되며 역시 라우르산을 많이 함유하고 있다. 이런 열대 기름은 매우 안정되어 있어 실온에서도 산패없이 몇 년을 보관할 수 있다. 비교적 높게 포화되어 있는 열대 오일은 심장병을 일으키지 않으며, 지금도 많은 사람들의 건강을 지키고 있다. 이 열대 오일을 제빵이나 요리에 사용하지 않는 것은 안타까운 일이며, 이들 기름이 나쁘다고 비난을 받고 있는 것은 식물성 기름 생산자들의 철저한 로비 때문이다.

붉은 팜 오일은 강한 향취로 사람들이 좋아하지 않지만, 모든 아프리카 지역에서 사용되고 있다. 무맛이며 투명한 정제 팜 오일은 얼마 전까지 쇼트닝이나 프렌치 프라이를 생산하는데 사용하였다.

반면 코코넛 오일은 쿠기나 크래커, 패스트리 생산에 사용하였지만 포화 지방 공포증은 제조업자들로 하여금 안전하고 건강한 기름의 사용을 포기하게 만들었고 수소화 콩 기름, 옥수수, 카놀라, 면실유 등으로 사용을 바꾸게 만들었다.

요약하면 지방과 기름에 대한 선택은 대단히 중요하다. 대부분의 사람들, 특히 유아나 성장기의 아이들에게는 건강한 지방을 섭취시키는 것이 덜 섭취시키는 것보다 유리하다는 것을 알아야 한다.

모든 유행하는 수소화된 지방과 다중 불포화 지방으로 가공된 음식을 피해야 하며 코코넛 오일, 올리브 오일 또는 소량의 정제되지 않은 아마유 등을 사용하여야 한다. 빵을 만들 때 코코넛 오일이 좋다는 것과 튀김에는 동물성 지방을 쓰는 방법이 건강하다는 사실을 항상 염두에 두어야 한다.

2) 식물성 식용유에 대한 요약과 결론

식물성 식용유, 이를 가공한 마아가린이나 쇼트닝 등은 거의 모든 과자류와 인스턴트 식품, 햄버거, 피자, 튀김류에 이르기까지 광범위하다. 일상적인 음식들 중 어느 한 가지에도 빠지지 않고 들어 있다. 그리고 가공 탄수화물류(설탕이나 밀가루 등)도 영양이 부족한 것은 물론 쉽게 체지방으로 전환되면서 혈당을 떨어뜨려 충분한 에너지가 있음에도 음식을 먹어야 하는 악순환을 유도한다.

결국 만병의 근원인 비만이 됨은 물론 당뇨 및 그 합병증으로까지 발전이 되는 것을 피할 수 없다. 그래서 건강을 나쁘게 하는 지방류와 가공 탄수화물류 섭취에 대한 잘못된 인식을 바르게 바꾸고 건강한 식품을 섭취하여야 한다.

다음은 미국의 저명한 지방질 학자인 Raymond Peat Ph.D. 박사가 'UNSATURATED VEGETABLE OILS : TOXIC'이라는 글에서 질의응답 식으로 식물성 식용유에 대해 설명한 것을 요약하였다. 이것으로 다중 불포화 식물성 식용유에 대한 전문가의 결론을 명확하게 얻을 수 있을 것이다.

'비단 에이즈나 방사선뿐만 아니라 과도한 불포화 식물성 기름의 섭취도 후천적 면역 결핍의 원인이 될 수 있다. 불포화 식물성 기름 가운데 다중 불포화 지방산을 과다하게 섭취할 경우 인체가 방사선이나 호르몬 불균형, 암, 노화, 바이러스 감염 등에 의해 손상을 받는 작용과 비슷한 방법으로 인체의 면역 체계가 약화될 수 있다.

어떤 기름이 '포화'라는 말은 그 분자가 수용할 수 있는 모든 수소 원자를 갖고 있는 상태이고 불포화라는 말은 수소 원자가 제거되어 그 분자 구조상에 빈 공간이 발생, 이를 채우기 위한 프리 래디칼로부터 최대의 공격을 받을 수 있는 형태가 되어 있는 것을 말하는 것으로 프리 래디칼에 노출되면 세포와 조직에서 연쇄 반응을 일으켜 세포를 손상시키거나 노화를 촉진하게 된다.

식물성 기름의 산화는 기름이 따뜻한 체내로 들어가거나 보관용 병 안에서 산소에 노출되면서 더 촉진된다.'

💜 건강에 해로운 식물성 기름

주로 콩 기름, 옥수수 기름, 잇꽃 기름, 카놀라유, 해바라기씨 기름 등의 식물성 기름들이며, '불포화(unsaturated)'나 '다중 불포화(polyunsaturated)'라고 표기된 것들이다. 특히 아몬드 기름은 화장품에 많이 쓰이는데 이는 고불포화 상태이다.

이런 다중불포화 식물성 기름들은 본질적으로 그 재료인 씨 자체에 고유의 독성도 갖고 있다.

🫚 갑상선 기능 저하와 비만

1940년대 후반에는 적은 양의 먹이로 돼지를 살찌우기 위해 갑상선 기능을 억제하는 화학적 독물이 사용되었으며, 당시 페인트 원료가 석유로부터 개발이 되면서 판로가 없어진 미국의 대두와 옥수수 등의 산업계가 동물 사육 농가에 이를 싸게 팔기 시작하였는데 이 옥수수와 콩을 먹은 동물들이 상대적으로 적은 양을 섭취하여도 살이 찌는 것을 알게 되었다. 그리고 이 곡식들을 사람들이 먹어도 똑같이 갑상선 기능이 억제되는 결과가 나타나는 것도 알게 되었다.

🫚 왜 이런 기름들이 건강에 나쁜가?

두 가지 이유가 있는데, 첫째, 식물은 발아 영양분으로 그 씨를 먹는 동물로부터 스스로를 방어하기 위해 동물의 위에서 나오는 효소에 소화가 되지 않도록 일종의 기름 방어막을 형성하고 있다. 소화는 가장 기본적인 기능이며 인체는 소화에서 시작하여 많은 일련의 다양한 다음 단계의 체계를 구축하고 있어 최초 소화 체계에 손상을 주는 물질이 있으면 그 다음 일련의 체계도 모두 손상을 입게 되는 것이다.

둘째, 불포화 기름은 낮은 온도에서도 액체 상태를 유지하며 이런 기름은 따뜻한 상태에서 산소에 노출될 경우 아주 쉽게 산패(산화)한다.

한편 이와 같은 기름들은 최초 식용유 가공시에 이미 고열과 산소에 노출되어 산패의 위험성이 높고 이를 섭취하면 기름이 씨 안에 보관되어 있을 때보다 더 따뜻한 몸의 조직 속으로 들어오면서 많은 산소에 노출되고 산화되는 속도가 빨라지게 된다.

이런 산화 과정은 각종 효소와 세포에 악영향을 미치고 특히 에너지 생산 능력을 저하시킨다. 여기에 단백질을 분해하는 효소들은 소화를 위해서만 필요한 것이 아니라 갑상선 호르몬 생성, 응혈 제거, 면역성, 세포들의 일반적 적합성 유지에도 꼭 필요한 것이다.

따라서 이런 불포화 기름은 혈액 응고, 염증, 면역 저하, 쇼크, 노화, 비만, 암의 위험을 증가시키게 되는 것이고 갑상선 호르몬과 황체 호르몬도 감소시키게 된다.

식물은 벌레나 곤충에 대항하기 위해 자체 보호 물질, 즉 스스로의 방어 독성 물질을 생산하는데 씨의 기름이 그와 같은 기능을 갖고 있다. 식물에 농약을 뿌리면 씨의 기름에 농축되어 잔류되고 결국 식품으로 먹게 되는 것이다.

💚 지방의 양이 아니라 종류별 섭취 비율이 문제

다중 불포화 기름의 양보다는 포화 지방과 다중 불포화 지방 간의 섭취 비율 관계가 중요하며 비만, 프리 래디칼 형성, 검버섯, 응혈, 염증, 면역력, 에너지 생산 등은 모두 섭취 포화 지방과 불포화 지방의 비율에 따라 달라진다.

불포화 지방의 양이 많아질수록 위험도는 높아지게 되며 인체의 지방 구성 성분을 보아도 다중 불포화 지방은 전체의 5%도 되지 않는다.

모든 건강 체계는 과도하게 불포화 기름을 섭취하였을 때 손상을 입는다. 대체로 세 가지로 그 손상을 분류해 볼 수 있는데 첫째 호르몬의 불균형, 둘째 면역 시스템 손상, 셋째 산화, 노화 현상이다.

💜 호르몬 불균형의 원인은 무엇인가?

다중 불포화 기름을 섭취하면 호르몬에 많은 변화가 일어난다. 가장 대표적인 영향을 받는 것은 갑상선으로 호르몬 분비가나빠지고 순환 체계가 흐트러지며 조직의 반응이 방해받게 된다. 갑상선 호르몬이 부족하면 인체는 에스트로겐 호르몬에 쉽게 노출 된다.

갑상선 호르몬은 방어적인 황체 호르몬 등의 생산에 필수이며 만약, 갑상선의 기능이 어떤 이유로 저하되면 이런 보호 역할을 하는 호르몬의 양도 적어지게 된다.

'갑상선 호르몬은 콜레스테롤의 이용과 제거에 사용되므로 만약 갑상선의 기능이 저하되면 콜레스트롤 치가 올라가게 된다.' [B. Barnes and L. Galton, Hypothyroidism, 1976, and 1994 references.]

💜 왜 식물성 기름이 면역 체계를 약화시키는가?

많은 사람들이 식물성 기름이 인체의 면역 체계를 회복시키는 것으로 알고 있지만, 식물성 불포화 기름을 유화 상태로 암환자의 영양을 위해 투여하면 오히려 면역 체계를 억제하게 되고, 장기 이식을 받은 환자의 면역 억제 목적으로 사용되고 있다. 식품으로 소비되는 불포화 지방도 바로 이와 같이 면역 기능을 억제하는 효과가 있다. [E. A. Mascioli, et al., Lipids 22(6) 421, 1987.] Unsaturated fats directly kill white blood cells. [C. J. Meade and J. Martin, Adv. Lipid Res., 127, 1978.]

🫀 어떻게 산화, 노화를 촉진시키는가?

불포화 기름은 공기에 노출되면 산화되는데, 이것은 페인트가 마르는 과정과 같다.

이 과정에서 바로 프리 래디칼이 발생되며 이런 과정은 높은 온도에서 더 가속화된다. 이때 생성된 프리 래디칼은 DNA의 분자나 단백질과 반응하게 되며 프리 래디칼이 여기에 붙어서 조직과 기능의 비정상화를 초래하게 된다.

🫀 유기 농법으로 재배한 식물성 기름만 먹는다면?

농화학 물질의 첨가 없는 유기농의 불포화 식물성 기름이라도 과도한 섭취는 곧바로 인체의 손상을 가져온다.

- 암은 불포화 지방이 없으면 발생할 수 없다. [C. Ip, et al., Cancer Res. 45, 1985.]
- 불포화 지방의 섭취 없이는 알콜성 간경변이 발생할 수 없다. [Nanji and French, Life Sciences. 44, 1989.]
- 심장병은 불포화 기름에 의해 발병할 수 있고 음식에 포화 기름을 첨가함으로서 예방할 수 있다. [J. K. G. Kramer, et al., Lipids 17, 372, 1983.]

🫀 어떤 기름이 안전한가?

식물성 오일 중에는 코코넛 오일과 올리브 오일이 가장 안전하고 버터와 양 고기 지방은 높게 포화되어 있어 섭취해도 매우 안전한 지방이다. 물론 동물이 독성을 품지 않은 상태에서 생산된 지방만을 얘기하는 것이다. 올리브 오일은 다소 비만을 촉진시키지만 옥수수 기름이나 콩 기름에 비해 비만을 덜 촉진하고 항산화제로서의 기능이 있어 심장병이나 암의 예방에 도움이 된다. 특히 코코넛 오일은 중사슬 지방산이 많고 신진 대사를 자극하여 체중 증가 방지나 비만을 해소하는데 특이한 효과가 있다. 코코넛 오일은 체내에서 빠르게 대사되어 에너지로 사용할 수 있고 때로는 산화 방지제로서의 역할도 담당한다.

🩷 열대 기름은 건강에 나쁘지 않습니까?

열대 지방의 기름들은 온대 지방에서 나오는 기름보다 건강에 좋다. 이것은 열대 작물이 우리 체온과 가장 근접한 온도에서 자라기 때문인데 이들 기름은 높은 온도에서도 안정적이다.

이런 열대 기름은 우리가 섭취했을 때도 온대 지방의 씨기름, 즉 옥수수 기름, 잇꽃 기름, 콩 기름 등 처럼 우리 몸 안에서 산화하지 않기 때문에 좋다. [R.B. Wolf, J. Am. Oil Chem. Soc. 59, 230, 1982; R. Wolfe, Chem 121, Univ. of Oregon, 1986.]

팜 오일은 코코넛 오일보다 안정되어 있지 않아 추천하고 싶지 않지만, 비타민E와 유사한 항산화제가 있어 콜레스테롤의 LDL치를 낮추고 혈소판의 혈병 형성 요인을 줄여준다. [B.A. Bradlow, University of Illinois, Chicago; Science News 139, 268, 1991.]

균형 잡힌 식품에 코코넛 오일을 첨가하여 먹으면 갑상선 기능의 변화가 발생하여 체내의 콜레스테롤 수치가 다소 떨어지게 된다.

즉, 갑상선 기능의 향상으로 정상화되어 신진 대사의 활성화로 코코넛 오일을 주기적으로 먹은 사람과 동물은 비만하지 않고 심장병에 걸리거나 암에 걸릴 확률이 매우 낮다.

💚 코코넛 오일을 먹으면 살찌지 않을까?

코코넛 오일은 기름 중에 가장 살을 안 찌게 하는 기름으로 돼지에게 코코넛 오일을 첨가하여 주면 오히려 살이 빠진다. [See Encycl. Brit. Book of the Year, 1946.]

💚 마아가린은 괜찮습니까?

마아가린은 생산 과정에서 독성 물질이 적용되며 심장병 협회에서 제한한 특이한 형태의 지방인 트랜스 지방산이 들어 있고 여기에 색소와 보존제가 첨가된다. [Sci. News, 1974; 1991.]

💚 버터는?

버터는 천연 비타민 A와 D가 함유되어 있고 유익한 호르몬들이 들어있으며 불포화 지방보다는 덜 살찌게 한다. 단 버터도 사료로 키우지 않은 즉 방목한 소에서 얻은 우유로 만든 것이어야 좋다. 버터에는 닭고기의 가슴살보다 적은 콜레스테롤이 들어 있다. [about 1/5 as much cholesterol in fat as in lean meat on a calorie basis, according to R. Reiser of Texas A & M Univ., 1979.]

💚 생선 오일은 좋은가?

생선 중의 불포화 지방은 옥수수 기름이나 콩기름 보다는 독성이 덜하다고 하지만, 이것이 안전하다는 얘기는 아니다. 50년 전의 연구에서는 많은 양의 상어간유를 5~100%까지 개밥으로 주었더니 개가 암으로 죽을 확률이 20배나 높았다. 생선 기름이 많은 음식을 먹으면 유지질 과산화물의 독성이 집중적으로 생성되어 남자의 정자를 0까지 낮출 수 있다는 것이 관찰되기도 했다. [H. Sinclair, Prog. Lipid Res. 25, 667, 1989.]

🫀 돼지 기름은?

돼지가 옥수수나 콩을 먹었다면 문제가 있을 수도 있다. 그리고 옥수수나 콩은 자연적인 독성이 있으며 농약까지 다량 사용했을 가능성이 있다.

🫀 어떻게 하면 다중 불포화 지방의 폐해를 줄일 수 있는가?

적은 양의 다중 불포화 기름을 섭취하는 사람들은 당장 죽지는 않을 것이다. 추가로 비타민E(하루 100 단위 정도)를 섭취하면 그 폐해를 어느 정도 줄일 수 있다고 생각한다. 그러나 동물들의 예를 보더라도 하루에 티 스푼으로 한 숟가락씩 불포화 지방을 계속 먹이면 암에 걸릴 확률이 현저히 높아진다. 불행히도 현실적으로 우리는 지방을 섭취하지 않고는 살 수가 없다. 채소, 곡물, 콩류 및 조리에 사용하는 식물성 기름들이 건강 문제를 더욱 심각하게 만든다.

🫀 건강에 위험한 불포화 식물성 기름이 왜 팔리고 있는가?

그것은 판촉과 광고와 이윤 때문이다. 불행하게도 불포화 식물성 기름이 좋다는 선전을 아직도 많은 사람들이 믿고 있지만 어쨌든 이 불포화 기름은 심장병과 각종 암을 유발한다. 이런 기름들이 피부에 묻으면 씻는 것이 좋은데 이 기름들은 피부를 통해서도 체내에 흡수가 되기 때문이다.

코코넛 오일 관련 참고 서적

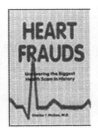

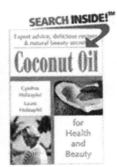

1. Sadasivan, V. Current Sci 1950; 19 : 28. Quoted by Kaunitz, H. Nutritional properties of coconut oil. APCC Quarterly Supplement 30 Dec. 1971, p35~37.
2. Nutr Week, Mar 22, 1991, 21 : 12 : 2~3.
3. Kabara, J.J. The Pharmacological Effects of Lipids, The American Oil Chemists's Society, Champaign, IL, 1978, 1~14 ; Cohen, L.A., et al, J Natl Cancer Inst, 1986 ; 77 : 43.
4. Prev, Med, Mar-Apr 1998, 27(2) ; 189~94 ; The Lancet, 1998, 35 2 : 688~691 ; 'Good Fats Help Children's Behavioral Problems,' Let's Live, September 1997, 45.
5. Fraps, G S, and A R Kemmerer, Texas Agricultural Bulletin, Feb 1938, No 560.
6. van Wagtendonk, W J and R Wulzen, Arch Biochemistry, Academic Press, Inc, New York, NY, 1943, 1 : 373~377.
7. Personal communication, Pat Connolly, Executive Director, Price Pottenger Nutrition Foundation.
8. Enig, Mary G,Ph D, 'Health and Nutritional Benefits from Coconut Oil.' Price-Pottenger Nutrition Foundation Health Journal, 1998, 2 0 : 1 : 1~6.
9. Prasad, K. N., Life Science, 1980, 27 : 1351~8 ; Gershon, Herman, and Larry Shanks, Symposium on the Pharmacological Effects of Lipids, Jon J Kabara, ed, American Oil Chemists Society, Champaign , IL, 1978, 51~62.
10. Belury, M. A, Nutr Rev, April 1995, 53 : (4) : 83~89 ; Kelly, M. L.,et al, J Dairy Sci, Jun 1998, 81(6) : 1630~6.
11. Koopman, J. S., et al, AJPH, 1984, 74 : 12 : 1371~1373.
12. Kiyasu, D.Y., et al. The portal transport of absorbed fatty acids. Journal of Biological Chemistry 1952 ; 199 : 415.
13. Greenberger, N. J. and Skillman, T.G. Medium-chain triglycerides : physiologic considerations and clinical implications. N Engl J Med 1969 ; 280 : 1045.

14. Baba, N. Enhanced thermogenesis and diminished deposition of fat in response to overfeeding with a diet containing medium chain triglycerides. Am J of Clin Nutr 1982 ; 35 : 678.

15. Tantibhedhyangkul, P. and Hashim, S.A. Medium-chain triglyceride feeding in premature infants : effects on calcium and magnesium absorbtion. Pediatrics 1978 ; 61(4) : 537.

16. Vaidya, U.V., et al. Vegetable oil fortified feeds in the nutrition of very low birthweight babies. Indian Pedatr 1992 ; 29(12) : 1519.

17. Bergsson, G., et al. Killing of Germ-positive cocci by fatty acids and monoglycerides. APMIS 2001 ; 109(10) : 670~678.

18. Wan, J.M. and Grimble, R.F. Effect of dietary linoleate content on the metabolic response of rats to Echerichia coli endotoxin. Clinical Science 1987 ; 42 : 2290.

19. Bergersson, G., et al. In vitro inactivation of Chlamydia trachomatis by fatty acids and monoglycerides. Antimicrobial Agents and Chemotheraphy 1998 ; 42 : 2290.

20. Holland, K.T., et al. The effect of glycerol monolaurate on growth of, and production of toxic shock syndrome toxin-1 and lipase by Staphylococcus aureus. Jiurnal of Antomicrobial Chemotherapy 1994 ; 33 : 41.

21. Petschow, B.W., Batema, B.P., and Ford, L.L. Susceptability of Helicobacter pylori to bactericidal properties of medium-chain monoglycerides and free fatty acids. Antimicrob Agents Chemother 1996 ; 40 : 302~306.

22. Wang, L.L. and Johnson, E.A. Inhibition of Listeria monocytogenes by fatty acids and monoglycerides. Appli Environ Microbiol 1992 ; 58 : 624~629.

23. Bergsson, G., et al. In vitro killing of Candida albicans by fatty acids and monoglycerids. Antimicrob Agents Chemother 2001 ; 45(11) ; 3209 : 3212.

24. Issacs, E.E. et al. Inactivation of enveloped viruses in human bodily fluids by purified lipid. Annals of New York Academy of Science 1994 ; 724 : 457.

25. Hierholzerm J.C. and Kabara, J.J. In vitro effects of monolaurin compounds on enveloped RNA and DNA viruses. Journal of Food

Safty 1982 ; 4 : 1.

26. Thomar, H., et al. Inactivation enveloped viruses and killing of cells by fatty acids and monoglycerides. Antimicrobial Agents and Chemotherapy 1987 ; 31 : 27.

27. Kabara, J.J. The pharmacological Effect of Lipids. Champaign, III : The American Oil Chemists's Society. 1978.

28. Issacs, C.E., et al. Antivural and antibacterial lipids in human milk and infant fomula feeds. Archives of Disease in Childhood. 1990 ; 65 : 861∼864.

29. Issacs, C.E., et al. Membrane-disruptive effect of human milk : inactivation of enveloped viruses. Journal of Infectious Disease 1986 ; 154 : 966∼971.

30. Issacs, C.E., et al. Inactivation of enveloped viruses in human bodily fluids by purified lipids. Annals of the New York Academy of Sciences 1994 ; 724 : 457∼464.

31. Reiner, D.S., et al. Human kills Giardia lamblia by generating toxic lipolytic products. Journal of Infectious Disease 1986 ; 154 : 825.

32. Crouch, A.A., et al. Effect of human milk and infant milk formula on adherence of Giardia intestinalis. Transactions of the Royal Society of Tropical Medicine and Hygiene 1991 ; 85 : 617.

33. Chowhan, G.S, et al. Treatment of Tapeworm infestation by coconut(Coconut nucifera) preparations. Association of Physicans of India Journal. 1985 ; 33 : 207.

34. Isaacs C.E., Thormar H. Membrane-disruptive effect of human milk : inactivation of enveloped viruses. Journal of Infectious Diseases 1986 ; 154 : 966∼971.

35. Projan S.J., Brown-Skrobot S., Schlievert P.M., Vandenesch F., Novick R.P., Glycerol monolaurate inhibits the production of beta-lactamase, toxic shock toxin-1, and other staphylococcal exoproteins by interfering with signal transduction. Journal of Bacteriology. 1994 ; 176 : 4204∼4209.

36. Hornung B., Amtmann E., Sauer G. Lauric acid inhibits the maturation of vesicular stomatitis virus. Journal of General Virology 1994 ; 75 : 353∼361.

37. Kabara, J.J. The Pharmacological Effects of Lipids. Champaign, III :

The American Oil Chemists's Society,1978.

38. Dayrit, C.S. Coconut Oil in Health and Disease : Its and Monolau rin's Potential as Cure for HIV/AIDS. Paper presented at the 37th annual Cocotech Meeting, Chennai, India, July 25, 2000.

39. Skrzydlewska, E., et al. Antioxidant status and lipid peroxidationin colorectal cancer. J Toxical Environ Health A 2001 ; 64(3) : 213~222.

40. Witcher, K.J., et al. Modulation of immune cell proliferation by glycerol monolaurate. Clinical and Diagnostic Laboratory Immunolo gy 1996 ; 3 : 10~13.

41. Bulatao-Jayme, J., et al. Epidemiology of primary liver cancer in the Philipines with special consideration of a possible aflatoxin factor. J Philipp Med Assoc 1976 ; 52(5~6) : 129~150.

42. Nolasco, N.A., et al. Effect of Coconut oil, trilaurin and tripalmitin on the promotion stage of carcinogenesis. Philipp J Sci 1994 ; 123(1) : 161~169.

43. Dave, J.R., et al. Dodecylglycerol provides partial protection against glutamate toxicity in neuronal cultures derived from different regions of embryonic rat brain. Mol Chem Neuripathol 1997 ; 30 : 1~13.

44. Blaylock, R.L. MD., Excitoxins : The Taste that Kills. Santa Fe, N M : Health Press 1994, p19.

45. Reddy, B.S. and Maeura, Y. Tumor promotion by dietary fat in azoxymethane-induced colon catciogenesis in female F344 rats : influence of amount and source of dietary fat. J Natl Cancer Inst 1984 ; 72(3) : 745~750.

46. Cohen, L.A. and Thompson, D.O. The influence of dietary medium chain triglyceraids on rat mammary tumor development. Lipids 1987 ; 22(6) : 455~461.

47. Lim-Sylianco, C.Y., et al. A comparison of germ cell antigenotoxic activity of non-dietary and dietary coconut oil and soybean oil. Phil J of Coconut Syudies 1992 ; 2 : 1 : 1~5.

48. Lim-Sylianco, C.Y., et al. Antigenotoxic effects of bone marrow cells of coconut oil versus soybean oil. Phil J of Coconut Syudies 1992 ; 2 : 1 : 6~10.

49. Witcher, K. J., et al. Modulation of immune cell proliferation by glycerol monolaurate. Clinical and Diagnostic Laboratory Immunology 1996 ; 3 : 10~13.

50. Projan, S.J., et al. Glycerol monolaurate inhibits the production of a-lactamase, toxic shock syndrome toxin-1 and other Staphylococcal exoproteins by interfering with signal transduction. J of Bacteriol. 1994 ; 176 : 4204 : 4209.

51. Teo, T.C., et al. Long-term feeding with structured lipid composed of medium-chain and N-3 fatty acids ameliorates endotoxic shock in guinea pids. Metabolism 1991 ; 40(1) : 1152~1159.

52. Ehret, A. Arnold Ehret's Mucusless Diet Healing System. New York : Benedict Lust Publications, 1994, p105.

53. D'Aquino, M., et al. Effect of fish oil and coconut oil on antioxidant defense system and lipid peroxidation in rat liver. Free Radic Res Commun 1991 ; 1 : 147~152.

54. Song, J.H., et al. Polyunsaturated(n-3) fatty acids susceptible to peroxidation are increased in plasma and tissue lipids of rats fed docosahexaenoic acid-containing oils. J. Nutr 2000 ; 130(12) : 3028~3033.

55. Grune, T., et al. Enrichment of eggs with n-3 polyunsaturated fatty acids : effects of vitamin E supplementation. Lipids 2001 ; 36(8) : 833~838.

56. Esterbauer, H. Cytotoxicity and genotoxicity of lipid-oxidation products. Am J Clin Nutr 1993 ; 57(5) Suppl : 779S-785S.

57. Benzie, I.F. Lipid peroxidation : a review of causes, cosequences, measurement and dietary influences. Int Food Sci Nutr 1996 ; 47(3) : 233~261.

58. Billaudel, B., et al. Vitamin D3 deficiency and alterations of glucose metabolism in rat endocrine pancreas. Diabetes Metab 1998 ; 24 : 344~350.

59. Bourlon, P.M., et al. Influence of vitamin D3 defiency and 1, 225 dehydroxyvitamin D3 on de novo insulin biosynthesis in the islets of the rat endocrine pancreas. J Endocrinol 1999 ; 160 : 87~95.

60. Ortlepp, J.R., et al. The vitamin D receptor gene variant is associated with the prevalence of type 2 diabetes mellitus and coronary

artery disease. Diabet Med 18(10) : 842~845.

61. Hyponnen E., et al. Intake of vitamin D and risk of type 1 dibete
s : a birth control study. Lancet 2001 ; 358(9292) : 1500~1503.

62. Enig, Mary G, Ph D, Trans Fatty Acids in the Food Supply : A
Comprehensive Report Covering 60 Years of Research, 2nd Edition,
Enig Associates, Inc, Silver Spring, MD, 1995, 4~8.

63. Watkins, B A, et al, 'Importance of Vitamin E in Bone Formation
and in Chrondrocyte Function' Purdue University, Lafayette, IN,
AOCS Proceedings, 1996 ; Watkins, B A, and M F Seifert, 'Food
Lipids and Bone Health,' Food Lipids and Health, R E McDonald
and D B Min, eds, p 101, Marcel Dekker, Inc, New York, NY,
1996.

64. Dahlen, G. H., et al, J Intern Med, Nov 1998, 244(5) : 417~24 ;
Khosla, P., and K.C. Hayes, J Am Coll Nutr, 1996, 15 : 325~339 ;
Clevidence, B A, et al, Arterioscler Thromb Vasc Biol, 1997, 17 :
1657~1661.

65. Nanji, A. A., et al, Gastroenterology, Aug 1995, 109(2) : 547~54 ;
Cha, Y. S., and D. S. Sachan, J Am Coll Nutr, Aug 1994, 13(4) :
338~43 ; Hargrove, H. L., et al, FASEB Journal, Meeting Abstracts,
Mar 1999, #204.1, p A222.

66. Kabara, J J, The Pharmacological Effects of Lipids, The American
Oil Chemists Society, Champaign, IL, 1978, 1~14 ; Cohen, L. A.,
et al, J Natl Cancer Inst, 1986, 77 : 43.

67. Garg, M. L., et al, FASEB Journal, 1988, 2 : 4 : A852 ; Oliart Ros,
R. M., et al, 'Meeting Abstracts,' AOCS Proceedings, May 1998, 7,
Chicago, IL.

68. Lawson, L. D. and F. Kummerow, Lipids, 1979, 14 : 501~503 ;
Garg, M. L., Lipids, Apr 1989, 24(4) : 334~9.

69. Ravnskov, U. J Clin Epidemiol, Jun 1998, 51 : (6) : 443~460.

70. Felton, C. V., et al, Lancet, 1994, 344 : 1195.

71. Jones, P. J., Am J Clin Nutr, Aug 1997, 66(2) : 438~46 ; Julias, A.
D., et al, J Nutr, Dec 1982, 112(12) : 2240~9.

72. Cranton, E M, MD, and J P Frackelton, MD, Journal of Holistic
Medicine, Spring/Summer 1984, 6~37.

73. Engelberg, Hyman, Lancet, Mar 21, 1992, 339 : 727~728 ; Wood,

W. G., et al, Lipids, Mar 1999, 34(3) : 225~234.

74. Alfin~Slater, R B, and L Aftergood, 'Lipids, Modern Nutrition in Health and Disease,' 6th ed, R. S. Goodhart and M. E. Shils, eds, Lea and Febiger, Philadelphia 1980, 134.

75. Addis, Paul, Food and Nutrition News, March/April 1990, 62 : 2 : 7~10.

76. Barnes, Broda, and L. Galton, Hyperthyroidism, The Unsuspected Illness, 1976, T Y Crowell, New York, NY.

77. Mensink, R.P., et al. Effects of dietary fatty acids and carbohydrates on the ration of serum total to HDL cholesterol and on serum lipids and apolipoproteins : a meta-analysis of 60 controlled trials. Am J Clin Nutr 2003 ; 77(5) : 1146-1155.

78. Temme, E.H.M., et al. Comparison of the effects of diets enriched in lauric, palmitic or oleic acids on serum lipids and lipoproteins in healthy men and women. Am J Clin Nutr 1996 ; 63 : 897~903.

79. Zock, P.L. and Kata, M.B. Hydrogenation alternatives : Effects of trans fatty acids and stearic acid versus linoleic acid on serum lipids and lipoproteins in humans. J Lipid Res 1992 ; 33 : 399~410.

80. de Roos, N.M., et al. Consumtion of a solid fat rich in lauric acid results in a more favorable serum lipid profile in healty men and women than consumtion of a solid fat rich in trans-fatty acids. J Nutr 2001 ; 131 : 242~245.

81. Sundram, K., et al. Trans(elaidic) fatty acids adversely affect the lipoprotein profile relative to specific saturated fatty acids in humans. J Nutr 1997 ; 127 : 514S~520S.

82. Mensink, R.P., and Katan, M.B. Effect of dietary fatty acids on serum lipids and lipoproteins. A meta-analysis of 27 trials. Arteriosclersis, Thrombosis, and Vascular Biology 1992 ; 12 : 91~919.

83. Mary G. Enig, Ph. D. 'Health and Nutritional Benefits from Coconut Oil : An Important Functional Food for the 21st Century' Presented at the AVOC Lauric Oils Symposium, Ho Chi Min City, Vietnam, 25 April 1996.

84. Enig, Mary G, Ph D, Nutr Quarterly, 1993, 17 : (4) : 79~95.

85. Enig, Mary G, Ph D, Trans Fatty Acids in the Food Supply : A

Comprehensive Report Covering 60 Years of Research, 2nd Edition, Enig Associates, Inc, Silver Spring, MD, 1995, 148~154 ; Enig, Mary G, Ph D, et al, J Am Coll Nutr, 1990, 9 : 471~86.

86. Hostmark A.T., Spydevold O., Eilertsen E. Plasma lipid concentration and liver output of lipoproteins in rats fed coconut fat or sunflower oil. Artery 7 : 367~383, 1980.

87. Awad, A.B. Effect of dietary lipids on composition and glucose utilization by rat adipose tissue. Journal of Nutrition 111 : 34~39, 1981.

88. Mendis, S. Coronary heart disease and coronary risk profile in a primitive population. Trop Geogr Med 1991 ; 43(1~2) : 1216~1219.

89. Mendis S, Wissler R.W., Bridenstine R.T., Podbielski F.J. The effects of replacing coconut oil with corn oil on human serum lipid profiles and platelet derived factors active in atherogenesis. Nutrition Reports International 40 : No. 4 ; Oct. 1989.

90. Medis, S., et al. The effects of replacing coconut oil with corn oil on human serum lipid profiles and platelet derived factors active in atherogenesis. Nutrition Reports International Oct. 1989 ; 40(4).

91. Prior, I.A., et al. Cholesterol, coconuts and diet in Polynesian atolls-a natural experiment ; the Pukapuka and Tokelau islands studies. Am J Clin Nutr 1981 ; 34 : 1552~1561.

92. Hegsted, D.M., et al. Qualitative effects of dietary fat on serum cholesterol in man. Am J Clin Nutr 1965 ; 17 : 281.

93. Kintanar, Q.L. Is coconut oil hypercholeterolemic and atherogenic? A focused review of the literature. Trans Nat Acad Science and Techn(Phil) 1988 ; 10 : 371~414.

94. Blackburn, G.L., et al. A reevaluation of coconut oil's effect on serum cholesterol and atherogenesis. J Philipp Med Assoc 1989 ; 65(1) : 144~152.

95. Kaunitz, H. and Dayrit, C.S. Coconut oil consumtion and coronary heart disease. Philipp J Intern Med 1992 ; 30 : 165~171.

96. Bourque, C., et al. Consumtion of oil composed of medium chain triglycerols, phytosterols, and N-3 fatty acids improves cardiovascular risk profile in overweight women. Metabolism 2003 ; 52(6) :

771~777.

97. Felton, C.V., Crook D., Davies M.J., Oliver M.F. Wynn Institute for Metabolic Research, London, UK. 'Dietary polyunsaturated fatty acids and composition of human aortic plaques.' Lancet. Oct,199 4 ; 29 ; 344(8931) : 1195~6.

98. Alfin-Slater, R. B., and L. Aftergood, 'Lipids,' Modern Nutrition in Health and Disease, 6th ed, R. S. Goodhartand, M. E. Shils, eds, Lea and Febiger, Philadelphia, 1980, 131.

99. Smith, M. M., and F. Lifshitz, Pediatrics, Mar 1994, 93 : 3 : 438~443.

100. Cohen, A. Am Heart J, 1963, 65 : 291.

101. Malhotra, S. Indian Journal of Industrial Medicine, 1968, 14 : 219.

102. Kang-Jey Ho, et al, Archeological Pathology, 1971, 91 : 387 ; Mann, G .V., et al, Am J Epidemiol, 1972, 95 : 26~37.

103. Price, Weston, DDS, Nutrition and Physical Degeneration, 1945, Price-Pottenger Nutrition Foundation, San Diego, CA, 59~72.

104. Willett, W. C., et al, Am J Clin Nutr, June 1995, 61(6S) : 1402S-1406S ; Perez-Llamas, F, et al, J Hum Nutr Diet, Dec 1996, 9 : 6 : 463~471 ; Alberti-Fidanza, A, et al, Eur J Clin Nutr, Feb 1994, 4 8 : 2 : 85~91.

105. Fernandez, N A, Cancer Res, 1975, 35 : 3272 ; Martines, I, et al, Cancer Res, 1975, 35 : 32~65.

106. Pitskhelauri, G. Z., The Long Living of Soviet Georgia, 1982, Huma n Sciences Press, New York, NY.

107. Franklyn, D, Health, September 1996, 57~63.

108. O'Neill, Molly, NY Times, Nov 17, 1991.

109. Moore, Thomas J, Lifespan : What Really Affects Human Longevity, 1990, Simon and Schuster, New York, NY.

110. Castelli, William, Arch Int Med, Jul 1992, 152 : 7 : 1371~1372.

111. Hubert H, et al, Circulation, 1983, 67 : 968 ; Smith, R. and E. R. Pinckney, Diet, Blood Cholesterol and Coronary Heart Disease : A Critical Review of the Literature, Vol 2, 1991, Vector Enterprises, Sherman Oaks, CA.

112. 'Multiple Risk Factor Intervention Trial ; Risk Factor Changes and Mortality Results,' JAMA, September 24, 1982, 248 : 12 : 1465.

113. Rose G, et al, Lancet, 1983, 1 : 1062~1065.
114. 'The Lipid Research Clinics Coronary Primary Prevention Trial Resu lts. Reduction in Incidence of Coronary Heart Disease,' JAMA, 1984, 251 : 359.
115. Kronmal, R, JAMA, April 12, 1985, 253 : 14 : 2091.
116. De Bakey, M., et al, JAMA, 1964, 189 : 655~59.
117. Lackland, D T, et al, J Nutr, Nov 1990, 120 : 11S : 1433~1436.
118. Nutr Week, Mar 22, 1991, 21 : 12 : 2~3.
119. Verhoef, P.,et al. Plasma total homocysteine, B vitamins, and risk of coronary atherosclerosis. Arteriosclerosis, Thrombosis, and Vascu lar Biology 1997 ; 17 : 989~995.
120. Ubbink, J B, Nutr Rev Nov 1994, 52 : 11 : 383~393.
121. Horrobin, D F, Reviews in Pure and Applied Pharmacological Scien ces, Vol 4, 1983, Freund Publishing House, 339~383 ; Devlin, T M, ed, Textbook of Biochemistry, 2nd Ed, 1982, Wiley Medical, 42 9~430 ; Fallon, Sally, and Mary G. Enig, Ph D, 'Tripping Lightly Down the Prostaglandin Pathways,' Price-Potten ger Nutrition Foundation Health Journal, 1996, 20 : 3 : 5~8.
122. Sircar, S. Kansra, U. 'Choice of cooking oils-myths and realities.' Journal Indian Medical Association. 1998 Oct ; 96(10) : 304~7.
123. Larsen, L.F., et al. Effects of dietary fat quality and quantity on postprandial activation of blood coagulation factor VII. Arterioscler Thromb Vasc Biol. 1997 ; 17(11) : 2904~2909.
124. Shute, W. E., and H. J. Taub, Vitamin E for Ailing and Healthy Hearts, Pyramid House Books, New York, 1969, p. 191.
125. Loesche, W., et al. Assessing the relationship between dental disea se and coronary heart disease in elderly U.S. veterans. J Am Dent Assoc 1998 ; 129(3) : 301~311.
126. Raza-Ahmad, A., et al. Evidence of type 2 herpes simplex infection in human coronary arteries at the time of coronary by pass surgery. Can J Cadiol 1995 ; 11(11) : 1025~1029.
127. Fong, I.W. 2000. Emerging relations between infectious disease and coronary artery disease and atherosclerosis. Canadian Medical Asso ciation Juornal 163(1).
128. Morrison, H.I., et al. Periodental disease and risk of fatal coronary

heart and cerebrovascular disease. J Cardiovase Risk 1999 ; 6(1) : 7~11.

129. Imaizumi, M., et al. Risk for ischemic heart disease and all-cause mortality in subclinical hypothyroidism. J Clin Endocrinol Metab 2004 ; 89(7) : 3365~3370.

130. Fallon, Sally, and Mary G. Enig, Ph D, 'Diet and Heart Disease-Not What You Think,' Consumers' Research, July 1996, 15~19.

131. U.S. Department of Health and Human Services, 'Obesity Still on the Rise, New Data Show,' Tuesday, October 8, 2002 Published on the Centers for Disease Control.

132. Fife, Bruce, ND. 'Coconut Cures' Picadilly Books Ltd. Colorado Springs, 2004.

133. Rex Russell, M.D. What the Bible Says About Healthy Living (Regal Books, Ventura, CA 1996) p.125.

134. Scollan N.D., Enser M., et. al, 'Effects of including a ruminally protected lipid supplement in the diet on the fatty acid composition of beef muscle.' British Journal Nutrition. 2003 Sep ; 90(3) : 709~16.

135. M.T. See and J. Odle, 'Effect of dietary Fat source, Level, and Feeding Interval on Pork fatty acid composition.' 1998~2000 Departmental Report, Department of Animal Science, ANS Report No. 248-North Carolina State University.

136. Endres J., Barter S., Theodora P., Welch P., 'Soy-enhanced lunch acceptance by preschoolers.' Journal American Diet Assoc. 2003 Mar ; 103(3) : 346~51.

137. Gittleman, Ann Louise, M.S., Beyond Pritikin, 1980, Bantam Books, New York, NY.

138. Gary Taubes 'What If It Were All a Big Fat Lie!' New York Times July 7, 2002.

139. Hill J.O., Peters J.C., Yang D., Sharp T, Kaler M., Abumrad N.N., Greene H.L. 'Thermogenesis in humans during overfeeding with medium-chain triglycerides.' Metabolism. July. 1989 ; 38(7) : 641~8.

140. G. Crozier, B. Bois-Joyeux, M. Chanex, et. al. 'Overfeeding with medium-chain triglycerides in the rat.' Metabolism 1987 ; 36 : 80

7~814.

141. Hill J.O., Peters J.C., Yang D., Sharp T, Kaler M., Abumrad N.N., Greene H.L. 'Thermogenesis in humans during overfeeding with medium-chain triglycerides.' Metabolism. July. 1989 ; 38(7) : 641~ 8.

142. T. B. Seaton, S. L. Welles, M. K. Warenko, et al. 'Thermic effects of medium-chain and long-chain triglycerides in man.' Am J Clin Nutr, 1986 ; 44 : 630~634.

143. Dulloo, A.G. et al. Twenty-four hour thermogenesis in lean and ob ese subjects after meals supplemented with medium-chain and long-chain triglycerides : a dose-response study in a human respiratory chamber. Eur J Clin Nutr 1996 ; 50(3) : 152~158.

144. St-Onge MP, Ross R., Parsons W.D., Jones P. J. 'Medium-chain trigl ycerides increase energy expenditure and decrease adiposity in overweight men.' Obes Res. 2003 Mar ; 11(3) : 395~402.

145. Fushiki T., and K. Matsumoto. 1995. Swimming endurance capacity of mice is increased by chronic consumtion of medium-chain triglycerdes. Journal of Nutr. 125.

146. Applegate, L. Nutrition. Runner's World. 1996 ; 31 : 26.

147. J. J. Kabara 'Health Oils From the Tree of Life'(Nutritional and Health Aspects of Coconut Oil). Indian Coconut Journal 2000 ; 31(8) : 2~8.

148. Bach, A.C. and Babayan, V.K. Medium chain triglycerides : an up date. Am J Clin Nutr. 1982 ; 36 : 960~962.

149. Garfinkle, M., et al. 1992. Insulinotropic potency of lauric acid : a metabolic rationale for medium chain fatty acids(MCF) in TPN formulation. J Sugrg Res 52 : 328~333.

150. Han J., et al. Medium-chain oil reduces fat mass and downregulates expression of adipogenic genes in rats. Obes Res 2003 ; 11(6) : 73 4~744.

151. Larsen L.F., et al. Effects of dietary fat quality and quantity on post prandial activation of blood coagulation factor VII. Arterioscler Thromb Vasc Viol. 1997 ; 17(11) : 2904~2909.

152. McGregor L., Effects of feeding with hydrogenated coconut oil plate let function in rats. Proc Nutr Soc 1974 ; 33 : 1A-2A.

153. Vas Dias, F.W., et al. The effects of polyunsaturated fatty acids of the n-3 and n-6 series on platelet aggregation and platelet and aortic fatty acid composition in rabbits. Atherosclerosis 1982 ; 43 : 245~257.

154. Ferrannini, E., et al. Insulin resistance in essential hypertension, New Engl J of Med 1987 ; 317 : 350~357.

155. Hunter, T.D. Fed Proc 21, Suppl. 1962 ; 11 : 36 Quoted by Kaunitz , H. Nutritional properties of coconut oil. APCC Quartely Supplement 30 Dec. 1971, p35~37.

156. Ortiz-Caro J, F. Montiel, A. Pascual, A. Aranda. Modulation of thyroid hormone nuclear receptors by short-chain fatty acids in glial C6 cells. Role of histone acetylation, J Biol Chem 1986 Oct 25 ; 261(30) : 13997~4004.

157. Barnes, Broda, and L. Galton, Hypothyroidism : The Unsuspected Illness, T. Y. Crowell, New York, 1976.

158. Kabara J. J. Fatty acids and derivatives as antimicrobial agents-A review, in The Pharmacological Effect of Lipids(J J Kabara, ed) American Oil Chemists' Society, Champaign IL, 1978.

159. Kabara J.J. Inhibition of staphylococcus aureus in The Pharmacolo gical Effect of Lipids II(JJ Kabara, ed) American Oil Chemists' Society, Champaign IL, 1985, pp.71~75.

160. Pimentel, M., et al. Normalization of lactulose breath testing correla tes with symptom improvement in irritable bowel syndrome : a double-blind, randomized, placebo-controlled study. Am J Gastroenterol 2003 ; 98(2) : 412~419.

161. Kono, H., et al. Medium-chain triglycerides enhance secretory IGA expression in rat intestine after administration of endotoxin. Am J Physiol Gastrointest Liver Physiol 2004 ; 286 : G1081~1089.

162. Arranza, J. L. The Dietary Fat Produced in Asian Countries and Human Health. Paper presented at the 7th Asian Congress of Nutrition in Beijing, Oct. 8, 1995.

163. Reddy, B.S. and Meaeura, Y. Tumor promotion by dietary fat in azoxymethane-induced colon carcinogenedid in female F344 rats. Influence of amount and source of dietary fat. J Natl Cancer Inst 1984 ; 72(3) : 745~750.

164. Cohen, L.A. and Thomson, D.O. The influence of dietary medium chain triglycerides on rat mammary tumor development. Lipids 1987 ; 22(6) : 455~461.

165. Cohen, L.A, et al. Influence of dietary medium chain triglycerides on the development N-methylnitrosourea-induced rat mammary tumor. Cancer Res 1984 ; 44(11) : 5023~5028.

166. Nolasco, N.A., et al. Effect of coconut oil, trilaurin and tripalmitin on the promotion stage of carcinogenesis. Philipp. J Sci 1994 ; 123(1) : 161~169.

167. Bulatao-Jayme, J., et al. Epidemiology of primary liver cancer in the Philippines with special consideration of a possible aflatoxin factor. J Philipp Med Assoc 1976 ; 52(5~6) : 129~150.

168. Ling, P.R.,et al. Structured lipid made from fish oil and medium ch ain triglycerides alters tumor host metabolism in Yoshida-sarcoma -bearing rats. Am J Clin Nutr 1991 ; 53(5) : 1177~1184.

169. Holleb, A.I. The American Cancer Society Cancer Book. New Yor k : Doubleleday & Co. 1986.

170. Witcher, K.J., et al. Modulation of immune cell proliferation by glycerol monolaurate. Clinical and Diagnostic Laboratory Immnolo gy 1996 ; 3 : 10~13.

171. Ling, P.R., et al. Structured lipid made from fish oil and mediumch ain triglyceraides alters tumor host metabolism in Yoshida-sarcoma-bearing rats. Am J Clin Nutr 1991 ; 53(5) : 1177~1184.

172. Kono, H., et al. Medium-chain triglycerides inhibit free radical for mation and TNF-alpha production in rats given enteral ethanol. Am J Physiol Gastrointest Liver Physiol 2000 ; 278(3) : G467.

173. Cha, Y.S. and Sachan, D.S. Opposite effects of dietary saturated a nd unsaturated fatty acids on ethanol-phamacokinetics, triglyceride s and carnitines. J Am Coll Nutr 1994 ; 13(4) : 338.

174. Nanji, A.A., and S.W. French, Dietary linoleic acid is required for development of experimentally induced alcoholic liver-injury, Life Sciences 44, 223~301, 1989.

175. Laitinen, M., et al., Effects of dietary cholesterol feeding on the membranes of liver cells and on the cholesterol metabolism in the rat, Int. J. Bioch. 14(3), 239~41, 1982.

176. Trocki, O. Carnitine supplementation vs. medium-chain triglycerides in postburn nutritional support. Burns Incl Therm Inj 1988 ; 14(5) : 379~387.

177. Moore, S. Thrombosis and atherogenesis-the chicken and the egg : contribution of platelets in atherogenesis. Ann NY Acad Sci 1985 ; 454 : 146~153.

178. Stewart, J.W., et al. Effect of various triglycerides on blood and tissue cholesterol of calves. J Nutr 1978 ; 108 : 561~566.

179. Awad, A.B. Effect of dietary lipids on composition and glucose utilization by rat adipose tissue. Journal of Nutrition 1981 ; 111 : 34~39.

180. Monserrat, A.J., et al. Protective effect of coconut oil on renal necrosis occurring in rats fed a methyl-deficient diet. Ren Fail 1995 ; 17(5) : 525.

181. Sadeghi, S., Wallace F.A., Calder P.C. 1999. Dietary lipids modify the cytoxine response to bacterial lipopolysaccharide in mice. Immunology 96(3).

182. Kabara, J.J. Pharmacological Effect of Lipids. Vol.1,2,3 AOCS Press. Champaign, IL. 1978, 1985, 1990.

183. Shimada H., Tyler V.E., Mclaughlin J.L., Biologically Active Acylglycerides from the Berries of Sae-Palmetto, J Nat. Prod. 60 : 417~418(1997).

184. Plosker, G.L. and R.N. Brogden, Serenoa repens : A review on the treatment of Benign Prostatic Hyperplasma, Drugs & Aging, 9 : 379~391(1996).

185. Macallan DC, Noble C, Baldwin C, Foskett M, McManus T, Griffin G.E. Prospective analysis of patterns of weight change in stage IV human immunodeficiency virus infection. American Journal of Clinical Nutrition 1993 ; 58 : 417~24.

186. Dayrit, C.S. Coconut Oil in Health and Disease : Its and monolaurin's Potential as Cure for HIV/AIDS. Paper presented at the 37th Annual Cocotech Meeting, Chennai, India, July 25, 2000.

187. Francois C.A., Connor S.L., Wamder R.L., Connor W.E., 1998. Acute effects of dietary fatty acids on the fatty acids of human milk. American Journal of Clinical Nutrition 67.

188. Anonymous. 1998. Summertime blues : It's giardia season. Journal of Environmental Health, July/August 61.

189. Novotny T.E., Hopkins R.S., Shillam P., Janoff E.N., 1990. Prevalen ce of Giardia lamblia and risk factors for infection among children attending day-care. Public Health Reports 105.

190. Galland L. 1999. Colonies within : Allergies from intestinal parasite s. Total Health 21.

191. Galland, L., and M. Leem. 1990. Giardia Lamblia infection as a cause of chronic fatigue. Journal of Nutr med 1.

192. Sutter, F.,et al. Comparative evaluation of rumen-protected fat, coco nut oil and various oil seeds supplemented to fattening bulls.1. Effects on growth, carcass and meat quality. Arch, Tierernahr. 200 0 ; 53(1) : 1~23.

193. Chowhan, G.S., et al. Treatment of Tapeworm infestation by coco nut oil(Cocus nucifera) preparations. Association of Physicans of India Journal. 1985 ; 33 : 207.

194. Pinckney, Edward R, MD., and Cathey Pinckney, The Cholesterol Controversy, 1973, Sherbourne Press, Los Angeles, 130 ; Enig, Mary G, Ph D, et al, Fed Proc, July 1978, 37 : 9 : 2215~2220.

195. Machlin I J, and A Bendich, FASEB Journal, 1987, 1 : 441~445.

196. Lasserre M, et al, Lipids, 1985, 20 : 4 : 227.

197. A general review of citations for problems with polyunsaturate consumption is found in Pinckney, Edward R, M.D., and Cathey Pinckney, The Cholesterol Controversy, 1973, Sherbourne Press, Los Angeles, 127~131 ; Research indicating the correlation of polyun saturates with learning problems is found in Harmon, D, et al, J Am Geriatrics Soc, 1976, 24 : 1 : 292~8 ; Meerson, Z, et al, Bull Exp Bio Med, 1983, 96 : 9 : 70~71 ; Regarding weight gain, levels of linoleic acid in adipose tissues reflect the amount of linoleic acid in the diet. Valero, et al, Ann Nutr Metabolism, Nov/Dec 1990, 3 4 : 6 : 323~327 ; Felton, C V, et al, Lancet, 1994, 344 : 1195~96.

198. Kinsella, John E, Food Technology, October 1988, 134 ; Lasserre, M, et al, Lipids, 1985, 20 : 4 : 227.

199. Horrobin D F, Reviews in Pure and Applied Pharmacological Scienc es, Vol 4, 1983, Freund Publishing House, 339~383 ; Devlin, T.M,

ed, Textbook of Biochemistry, 2nd Ed, 1982, Wiley Medical, 429~430 ; Fallon, Sally, and Mary G. Enig, PhD, 'Tripping Lightly Down the Prostaglandin Pathways,' Price~Pottenger Nutrition Foundation Health Journal, 1996, 20 : 3 : 5~8.

200. Okuyama, H, et al, Prog Lipid Res, 1997, 35 : 4 : 409~457.

201. Simopoulos, A P, and Norman Salem, Am J Clin Nutr, 1992, 55 : 411~4.

202. Newsholme E A. Mechanism for starvation suppression and refeeding activity of infection. Lancet 1977 ; i : 654.

203. Uldall PR, et al. Lancet 1974 ; ii : 514.

204. American Heart Association Monograph, No 25. 1969.

205. Mann G V. Diet-heart : End of an Era. New Eng J Med. 1977 ; 297 : 644.

206. Nauts HC. Cancer Research Institute Monograph No 18. 1984, p 91.

207. Kearney R. Promotion and prevention of tumour growth-effects of endotoxin, inflammation and dietary lipids. Int Clin Nutr Rev 1987 ; 7 : 157.

208. Wolk A, et al. A Prospective Study of Association of Monounsaturated Fat and Other Types of Fat With Risk of Breast Cancer. Arch Intern Med. 1998 ; 158 : 41~45.

209. Ip, C., Scimeca J. A, Thompson H. J. Conjugated linoleic acid. A powerful anticarcinogen from animal fat sources. Cancer 1994 ; 74(3 Suppl) : 1050~4.

210. Shultz T. D., Chew B. P., Seaman W. R., Luedecke L. O. Inhibitory effect of conjugated dienoic derivatives of linoleic acid and beta-carotene on the in vitro growth of human cancer cells. Cancer Letters 1992 ; 63 : 125~133.

211. Lin H, Boylston T.D., Chang M.J., Luedecke L.O., Schultz T.D., Survey of the conjugated linoleic acid contents of dairy products. J Dairy Sci. 1995 ; 78 : 2358~65.

212. Cox B.D., Whichelow M.J. Frequent consumption of red meat is not a risk factor for cancer. Br Med J 1997 ; 315 : 1018.

213. Mackie B.S. Med J Austr 1974 ; 1 : 810.

214. Karnauchow P.N. Melanoma and sun exposure. Lancet 1995 ; 346 : 915.

215. Kearney R. Promotion and prevention of tumour growth-effects of endotoxin, inflammation and dietary lipids. Int Clin Nutr Rev 198 7 ; 7 : 157.

216. Joseph, JR. Biological and physiological Factors in Soybeans. JOAC S, 1974 Jan ; 51 : 161A-170A. In feeding experiments, use of soy protein isolate(SPI) increased requirements for vitamins E, K, D and B_{12} and created deficiency symptoms of calcium, magnesium, manganese, molybdenum, copper, iron and zinc.

217. Wallace, G.M., Studies on the Processing and Properties of Soymilk . J Sci Food Agri 1971 Oct ; 22 : 526~535.

218. Ologhobo A.D. and others. Distribution of phosphorus and phytate in some Nigerian varieties of legumes and some effects of processing. Journal of Food Science. January/February 1984 ; 49(1) : 199~201.

219. Lebenthal E. and others. The development of pancreatic function in premature infants after milk-based and soy-based formulas. Pediatr Res 1981 Sep ; 15(9) : 1240~1244.

220. Food Labeling : Health Claims : Soy Protein and Coronary Heart Di sease, Food and Drug Administration 21 CFR Part 101(Docket No. 98P-0683).

221. Fort P. and others. Breast and soy-formula feedings in early infancy and the prevalence of autoimmune thyroid disease in children. J Am Coll Nutr 1990 ; 9 : 164~167.

222. Herman-Giddens M.E and others. Secondary Sexual Characteristics and Menses in Young Girls Seen in Office Practice : A Study from the Pediatric Research in Office Settings Network. Pediatrics, 1997 Apr ; 99 : (4) : 505~512.

223. Wallace, G.M. Studies on the Processing and Properties of Soymilk. J Sci Food Agri 1971 Oct ; 22 : 526~535.

224. McGraw M.D. and others. Aluminum content in milk formulae and intravenous fluids used in infants. Lancet I : 157(1986).

225. Dabeka R.W. and McKenzie A.D. Aluminium levels in Canadian infant formulate and estimation of aluminium intakes from formulae by infants 0~3 months old. Food Addit Contam 1990 ; 7(2) : 27 5~82.

226. Zikakis, et al, J Dairy Sci, 1977, 60 : 533 ; Oster, K, Am J Clin Res, Apr 1971, Vol II(I).
227. Bonanome A, and S. C. Grundy, NEJM, 1988, 318 : 1244.
228. Nutr Week, Mar 22, 1991, 21 : 12 : 2~3.
229. Sauer F D, et al, Nutr Res, 1997, 17 : 2 : 259~269.
230. Kramer, J K G, et al, Lipids, 1982, 17 : 372~382 ; Trenholm, H L, et al, Can Inst Food Sci Technol J, 1979, 12 : 189~193.

지은이 : 유기남(한국외국어대학교졸업)
박미순(클라라물산대표)

기적의 건강 식용유
버진 코코넛 오일

•

2014년 8월10일 개정판 발행

•

지은이 | 유기남 · 박미순
펴낸이 | 홍철부
펴낸곳 | **문지사**

•

등록일 | **1978. 8. 11(제 3-50호)**

•

서울특별시 은평구 갈현로 312

편집팀 | 02) 386-8451

마케팅 | 02-386-8452

팩 스 | 02) 386-8453

값 14,000원